定期テスト **ズバリ**よくでる 　**数学｜3年**　　**数研出版版** 中学校数学3

もくじ

取り外してお使いください 赤シート＋直前チェックBOOK,別冊解答

※全国の定期テストの標準的な出題範囲を示しています。学校の学習進度とあわない場合は、「あなたの学校の出題範囲」欄に出題範囲を書きこんでお使いください。

Step 1 基本チェック ： ① 多項式の計算

15分

教科書のたしかめ　[　]に入るものを答えよう！

❶ 単項式と多項式の乗法，除法　▶教 p.16-17　Step 2 ❶

解答欄

☐(1)　$3a(2b+3c)=3a\times 2b+3a\times 3c=[\ 6ab+9ac\ ]$

(1) _____

☐(2)　$(4x-5y)\times(-4x)=4x\times(-4x)-5y\times(-4x)$
$=[\ -16x^2+20xy\ ]$

(2) _____

☐(3)　$(8a^2+16a)\div 4a=(8a^2+16a)\times\left[\ \dfrac{1}{4a}\ \right]=[\ 2a+4\ ]$

(3) _____

❷ 多項式の乗法　▶教 p.18-19　Step 2 ❷

_____

☐(4)　$(a+b)(2c+3d)=2ac+[\ 3ad\ ]+[\ 2bc\ ]+3bd$

(4) _____

☐(5)　$(4a-1)(2a-1)=[\ 8a^2\ ]-4a-2a+1=[\ 8a^2-6a+1\ ]$

(5) _____

❸ 展開の公式　▶教 p.20-24　Step 2 ❸-❽

☐(6)　$(x+4)(x-5)=x^2+\{4+(-5)\}x+4\times(-5)=[\ x^2-x-20\ ]$

(6) _____

☐(7)　$(x+6)^2=[\ x^2+12x+36\ ]$

(7) _____

☐(8)　$(x-3)^2=[\ x^2-6x+9\ ]$

(8) _____

☐(9)　$(6-a)(6+a)=[\ 6^2\ ]-a^2=[\ 36-a^2\ ]$

(9) _____

☐(10)　$(x+y+3)(x+y-2)$
$x+y=M$ とおくと
$(x+y+3)(x+y-2)=(M+3)(M-2)$
$=[\ M^2+M-6\ ]=(x+y)^2+(x+y)-6$
$=[\ x^2+2xy+y^2+x+y-6\ ]$

(10) _____

☐(11)　$(2x-1)^2-2(x+1)(x-4)$
$=([\ 4x^2-4x+1\ ])-2(x^2-3x-4)$
$=4x^2-4x+1-2x^2+6x+8=[\ 2x^2+2x+9\ ]$

(11) _____

教科書のまとめ　___ に入るものを答えよう！

☐ 単項式と多項式の乗法は，<u>分配</u>法則 $a(b+c)=ab+ac$ を使って計算する。

☐ 単項式や多項式の積の計算をして，単項式の和の形に表すことを，もとの式を <u>展開</u> するという。

☐ 展開の公式　[1]　$(x+a)(x+b)=\underline{x^2+(a+b)x+ab}$

　　　　　　　　[2]　$(x+a)^2=\underline{x^2+2ax+a^2}$

　　　　　　　　[3]　$(x-a)^2=\underline{x^2-2ax+a^2}$

　　　　　　　　[4]　$(x+a)(x-a)=\underline{x^2-a^2}$

1章

【多項式と単項式の乗法・除法】

❶ 次の計算をしなさい。

□(1)　$5x(3x-6y)$

□(2)　$(2x-4y+3)\times(-x)$

□(3)　$(4x^2y-xy)\div x$

□(4)　$(9xy-15y^2)\div\dfrac{3}{2}y$

□(5)　$a(a+5)+4a(a-3)$

□(6)　$2a(2a-5)-4a(2-3a)$

【多項式の展開】

❷ 次の式を展開しなさい。

□(1)　$(x-8)(y+3)$

□(2)　$(a+b)(x+y)$

□(3)　$(2x+5)(3x-1)$

□(4)　$(3x-2y)(x-6y)$

□(5)　$(a-2b)(3a-5b+2)$

□(6)　$(3x+4y-6)(7x-5y)$

【$(x+a)(x+b)$ の展開】

❸ 次の式を展開しなさい。

□(1)　$(x+1)(x+4)$

□(2)　$(x+6)(x-5)$

□(3)　$(a-3)(a-2)$

□(4)　$\left(y-\dfrac{3}{4}\right)\left(y+\dfrac{1}{4}\right)$

【$(x+a)^2$，$(x-a)^2$ の展開】

❹ 次の式を展開しなさい。

□(1)　$(x+2)^2$

□(2)　$(x-6)^2$

□(3)　$(a+3)^2$

□(4)　$\left(x-\dfrac{3}{4}y\right)^2$

ヒント

❶
次の分配法則を使って
計算する。
$a(b+c)=ab+ac$
$(b+c)a=ab+ac$

❷
分配法則を使う。
$(a+b)(c+d)$
$=ac+ad+bc+bd$

❌ ミスに注意
ーの符号のつく計算
は（　）をつけて計算
するとまちがいも少
なくなるよ。

❸
乗法公式を使う。
$(x+a)(x+b)$
$=x^2+(a+b)x+ab$

📋 テスト得ダネ
多項式の展開の問題
は必ず出るよ。かけ
忘れがないように注
意しよう。

❹
平方の公式を使う。
$(x+a)^2$
$=x^2+2ax+a^2$
$(x-a)^2$
$=x^2-2ax+a^2$
　2乗　2倍　2乗

【$(x+a)(x-a)$ の展開】

❺ 次の式を展開しなさい。

□(1) $(x+2)(x-2)$ 　　　　□(2) $(x+y)(x-y)$

□(3) $(a+7)(a-7)$ 　　　　□(4) $(3+x)(3-x)$

□(5) $\left(x+\dfrac{1}{2}\right)\left(x-\dfrac{1}{2}\right)$ 　　□(6) $(-a+5)(-a-5)$

【いろいろな式の展開】

❻ 次の式を展開しなさい。

□(1) $(2x+5)(2x+3)$ 　　　□(2) $(-3a+1)(-3a-5)$

□(3) $\left(\dfrac{1}{3}x+1\right)\left(\dfrac{1}{3}x-3\right)$ 　　□(4) $\left(\dfrac{1}{4}x-2y\right)^2$

□(5) $(4x+3)(4x-3)$ 　　　□(6) $(3a+4b)(3a-4b)$

【おきかえによる式の展開】

❼ 次の式を展開しなさい。

□(1) $(x+y-4)(x+y+4)$ 　　□(2) $(x+2y+2)(x-3y+2)$

【いろいろな式の計算】

❽ 次の計算をしなさい。

□(1) $(x+3)^2+(x-1)(x+4)$

□(2) $(x+2)(x-1)-(x-3)(x+5)$

💡 ヒント

❺

和と差の積の公式を使う。
$(x+a)(x-a)$
$=x^2-a^2$

✕ ミスに注意

符号について注意しよう。
（同符号の項）^{2}
−（異符号の項）^{2}
とおぼえよう。

❻

展開の公式を利用して，計算する。

(1)$2x$ 　(2)$-3a$

(3)$\dfrac{1}{3}x$ 　(4)$\dfrac{1}{4}x$, $2y$

(5)$4x$ 　(6)$3a$, $4b$

を1つの文字とみて，計算する。

❼

（　）の中にはそれぞれ3項ずつあるが，共通な式を1つの文字 M におきかえることで，公式が利用できる。

❽

乗法公式を使って展開し，そのあとで同類項をまとめる。

📄 テスト得ダネ

式と式をたしたりひいたりすることで，項の数が変化する設問が多いよ。符号の変化に注意しよう。

［解答 ▶ p.2-3］

Step 1 | **基本チェック** | ② **因数分解**　③ **式の計算の利用**

15分

教科書のたしかめ　[ ]に入るものを答えよう！

② ❶ 因数分解　▶ 教 p.26-27　Step 2 ❶

解答欄

☐ (1)　$2x^2 - 4x = 2x \times x - [\ 2x\ ] \times 2 = [\ 2x(x-2)\ ]$

(1) _____

☐ (2)　$2a^2b + 6ab = [\ 2ab\ ] \times a + 2ab \times 3 = [\ 2ab(a+3)\ ]$

_____

② ❷ 因数分解の公式　▶ 教 p.28-33　Step 2 ❷-❺

(2) _____

☐ (3)　$x^2 - 5x + 6 = x^2 + \{(-2) + (-3)\}x + (-2) \times (-3)$
$\qquad = [\ (x-2)(x-3)\ ]$

(3) _____

(4) _____

☐ (4)　$x^2 - 4y^2 = x^2 - ([\ 2y\ ])^2 = [\ (x+2y)(x-2y)\ ]$

☐ (5)　$3ax^2 - 18ax + 24a = 3a \times ([\ x^2 - 6x + 8\ ])$
$\qquad = [\ 3a(x-2)(x-4)\ ]$

(5) _____

☐ (6)　$(x+y)^2 + 5(x+y) + 6$
$\quad x+y = M$ とおくと
$\quad (x+y)^2 + 5(x+y) + 6 = [\ M^2 + 5M + 6\ ]$
$\quad = (M+2)(M+3) = [\ (x+y+2)(x+y+3)\ ]$

(6) _____

③ ❶ 式の計算の利用　▶ 教 p.34-36　Step 2 ❻-❾

(7) _____

☐ (7)　$21 \times 19 = (20+1)(20-1) = [\ 20\ ]^2 - 1^2 = [\ 399\ ]$

☐ (8)　$49^2 = (50-1)^2$
$\qquad = [\ 50\ ]^2 - 2 \times 1 \times [\ 50\ ] + 1^2 = [\ 2401\ ]$

(8) ＿＿／＿＿

☐ (9)　$35^2 - 15^2 = ([\ 35\ ] + [\ 15\ ])([\ 35\ ] - [\ 15\ ]) = [\ 1000\ ]$

(9) ＿＿／＿＿

☐ (10)　$x = -3$, $y = -5$ のとき，$(x+2y)^2 - (x^2 + 4y^2)$ の値を求めよ。
$\quad (x+2y)^2 - (x^2 + 4y^2) = 4xy = 4 \times (-3) \times (-5) = [\ 60\ ]$

＿＿／＿＿

☐ (11)　$x = 73$ のとき，$x^2 - 6x + 9$ の値を求めよ。
$\quad x^2 - 6x + 9 = (x-3)^2 = (73-3)^2 = [\ 4900\ ]$

(10) _____

(11) _____

教科書のまとめ　＿＿ に入るものを答えよう！

☐ 1つの式が単項式や多項式の積の形に表されるとき，積をつくっている各式を，もとの式の <u>因数</u> という。

☐ 多項式をいくつかの因数の積の形に表すことを，もとの式を <u>因数分解</u> するという。

☐ 因数分解の公式　**[1]**　$x^2 + (a+b)x + ab = \underline{(x+a)(x+b)}$

$\qquad\qquad\qquad$ **[2]**　$x^2 + 2ax + a^2 = \underline{(x+a)^2}$

$\qquad\qquad\qquad$ **[3]**　$x^2 - 2ax + a^2 = \underline{(x-a)^2}$

$\qquad\qquad\qquad$ **[4]**　$x^2 - a^2 = \underline{(x+a)(x-a)}$

Step 2　予想問題　│　② **因数分解**
③ **式の計算の利用**

1ページ
30分

【共通な因数でくくる因数分解】

❶ 次の式を因数分解しなさい。

□(1)　$ab+4ac$

□(2)　$9x^2y+12xy$

□(3)　$4x^2+8xy-16x$

□(4)　$6a^2b-8ab^2+14ab$

【$x^2+(a+b)x+ab$ の因数分解】

❷ 次の式を因数分解しなさい。

□(1)　$x^2+8x+15$

□(2)　$a^2-12a+32$

□(3)　$x^2-3x-28$

□(4)　y^2+y-72

【$x^2+2ax+a^2$ や $x^2-2ax+a^2$ の因数分解】

❸ 次の式を因数分解しなさい。

□(1)　$x^2+14x+49$

□(2)　$x^2+20x+100$

□(3)　$a^2-16a+64$

□(4)　$x^2-\dfrac{2}{3}x+\dfrac{1}{9}$

【x^2-a^2 の因数分解】

❹ 次の式を因数分解しなさい。

□(1)　x^2-4

□(2)　x^2-16

□(3)　y^2-25

□(4)　$-49+x^2$

【いろいろな因数分解】

❺ 次の式を因数分解しなさい。

□(1)　$32a^2-18$

□(2)　$4x^2-12x+9$

□(3)　$(x+y)^2+2(x+y)-15$

□(4)　$(m+1)^2-4n^2$

ヒント

❶

各項に共通な因数をくくり出す。

(2)共通な因数には 3 と x と y がある。

✖│ミスに注意

文字だけでなく，数もくくり出そう。

❷

積が定数項，和が x などの文字の係数になる 2 数を見つける。

(1)
積が 15	和が 8
1 と 15	×
−1 と −15	×
3 と 5	○
−3 と −5	×

❸

2 倍が x などの文字の係数，2 乗が定数項になる数を見つける。

❹

(4)$-49+x^2=x^2-49$

目 テスト得ダネ

2 項式の因数分解では，和と差の公式になるものが多いよ。

❺

(3)(4)は，$x+y=M$，$m+1=M$，$2n=N$ とおき，因数分解を行う。

［解答 ▶ p.3-4］

【計算のくふう】

❻ 次の計算をしなさい。

□(1)　36×44　　　□(2)　$65^2 - 35^2$　　　□(3)　101^2

（　　　　　）　　　（　　　　　）　　　（　　　　　）

💡ヒント

❻
(1)$(40-4)(40+4)$
(2)$(65+35)(65-35)$
(3)$(100+1)^2$

【複雑な式に代入するときの式の値】

❼ 次の式の値を求めなさい。

□(1)　$x = -\dfrac{1}{3}$, $y = \dfrac{3}{4}$ のとき，$(x+y)^2 - (x-y)^2$ の値

（　　　　　）

□(2)　$x = 28$ のとき，$4x^2 - 24x + 36$ の値

（　　　　　）

❼
(1)式を簡単にしてから，値を代入する。
(2)式を因数分解してから，値を代入する。

📋テスト得ダネ
式の値を求める問題では，はじめから与えられた値を代入せずに，式を変形してから代入しよう。

【式の計算の利用(数の性質)】

❽ 連続する3つの整数があります。真ん中の数を2乗して1をひくと，□ 残りの2数の積に等しくなります。真ん中の数を n として，このことを証明しなさい。

❽
連続する3つの整数は，$n-1$, n, $n+1$(n は整数)と表せる。

【式の計算の利用(図形の性質)】

❾ 右の図のように，3つの半円があり，それぞれの直径を $2a$, $2b$, $2a+2b$ とするとき，色のついた部分について，次の問いに答えなさい。

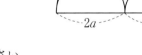
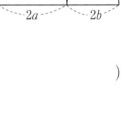

□(1)　周の長さを a, b を使って表しなさい。

（　　　　　）

□(2)　面積を a, b を使って表しなさい。

（　　　　　）

❾
(1)(色のついた部分の周の長さ)は，すべての半円の周の長さをあわせたもの。
(2)(色のついた部分の面積)は，(直径 $2a+2b$ の半円の面積)から(直径 $2a$ の半円の面積)と(直径 $2b$ の半円の面積)をひいたもの。

Step 3 予想テスト : 1章 式の計算

⏱ 30分　／100点　目標 80点

---

❶ 次の計算をしなさい。知 　　　12点(各3点)

□(1)　$4x(2x-3)$

□(2)　$(7x-4y)\times(-3x)$

□(3)　$(4y^2+8y)\div 2y$

□(4)　$(5a^3-2a^2+a)\div\dfrac{1}{3}a$

---

❷ 次の計算をしなさい。知 　　　30点(各3点)

□(1)　$(a+2)(b+3)$

□(2)　$(-3x+y)(x+y-6)$

□(3)　$(x+6)(x+1)$

□(4)　$(x+2y)(x-3y)$

□(5)　$(x-2)^2$

□(6)　$(x+y)^2$

□(7)　$(x+3)(x-3)$

□(8)　$\left(4x+\dfrac{1}{2}\right)^2$

□(9)　$(x+y+4)(x+y-3)$

□(10)　$(x-6)(x+5)-(x+1)^2$

---

❸ 次の式を因数分解しなさい。知 　　　30点(各3点)

□(1)　$6ax+6a$

□(2)　$8a^2b-4ab^2$

□(3)　$x^2+7x+12$

□(4)　a^2-a-20

□(5)　$a^2-8a+16$

□(6)　$x^2+x+\dfrac{1}{4}$

□(7)　a^2-64

□(8)　$4x^2-12x-40$

□(9)　$32y^2-8$

□(10)　$(a+3)^2-6(a+3)+5$

---

❹ くふうして，次の計算をしなさい。知 　　　8点(各4点)

□(1)　28×32

□(2)　51^2

---

5 くふうして，次の計算をしなさい。 知　　　　　5点
　　$111×111－2×101×111＋101×101$

6 $a＝－1.5$ のとき，$a(a－2)－(a＋4)^2$ の値を求めなさい。知　5点

7 右の図のように，1辺が a m の正方形の土地の内側に，幅 1 m の道をつくり，残りの部分を畑にしました。このとき，畑と道の面積を，それぞれ a を使って表しなさい。考　10点(各5点)
(1)　畑の面積　　　　　(2)　道の面積

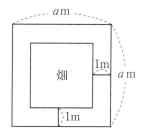

❶	(1)	(2)
	(3)	(4)
❷	(1)	(2)
	(3)	(4)
	(5)	(6)
	(7)	(8)
	(9)	(10)
❸	(1)	(2)
	(3)	(4)
	(5)	(6)
	(7)	(8)
	(9)	(10)
❹	(1)	(2)
❺		
❻		
❼	(1)	(2)

Step 1 **基本チェック** : **1** 平方根

15分

教科書のたしかめ 　[ ]に入るものを答えよう!

1 平方根 ▶ 教 p.42-48 Step 2 **1**-**5**

解答欄

☐(1) 25 の平方根は，正の数[5]と負の数[−5]の[2]つあり，これをまとめて[±5]と表す。

(1) ╱
　　╱

☐(2) 7 の平方根は，正の数[$\sqrt{7}$]と負の数[$-\sqrt{7}$]である。

(2) ╱

☐(3) 6 の平方根の負の方は[$-\sqrt{6}$]である。

(3)

☐(4) $(\sqrt{3})^2$ を根号を使わずに表すと，[3]である。

(4)

☐(5) $-\sqrt{81}$ を根号を使わずに表すと，
$-\sqrt{81}=-\sqrt{[\ 9\ ]^2}=[\ -9\ ]$

(5)

☐(6) 2 つの正の数 a, b について，$a<b$ ならば $\sqrt{a}$ [<] $\sqrt{b}$ である。

(6)

☐(7) 5 を 2 乗すると[25]，$\sqrt{27}$ を 2 乗すると[27]で，[25]<[27]なので，5 と $\sqrt{27}$ の大小を不等号を使って表すと，5[<]$\sqrt{27}$ である。

(7) ╱
　　╱

2 有理数と無理数 ▶ 教 p.49-51 Step 2 **6**-**8**

☐(8) $\sqrt{5}$ は整数[2]と[3]の間にある。

(8) ╱

☐(9) $2.4^2=5.76$, $2.5^2=6.25$ で，$5.76<6<6.25$ だから，
$2.4<\sqrt{6}<$[2.5]さらに，$2.44^2=5.9536$, $2.45^2=6.0025$ で，
$5.9536<6<6.0025$ だから，$2.44<\sqrt{6}<$[2.45]

(9)

☐(10) $\dfrac{5}{6}$, $\sqrt{5}$, $\sqrt{9}$, $\sqrt{\dfrac{25}{9}}$ の中で無理数は[$\sqrt{5}$]である。

(10)

教科書のまとめ 　___ に入るものを答えよう!

☐ 2 乗して a になる数を，a の 平方根 という。

☐ 正の数の平方根は 2 つある。この 2 つの数は 絶対値 が等しく，符号 が異なる。

☐ 0 の平方根は 0 だけである。

☐ 一般に，a を正の数とするとき，a の平方根のうち正の方を $\sqrt{a}$ ，負の方を $-\sqrt{a}$ と書く。記号 $\sqrt{\ }$ を 根号 という。

☐ 真の値に近い値のことを 近似値 という。1.4 や 1.41 などは $\sqrt{2}$ の近似値である。

☐ 整数 m と 0 でない整数 n を用いて，分数 $\dfrac{m}{n}$ の形に表される数を 有理数 という。整数 m は

$\dfrac{m}{1}$ と表されるから，有理数 である。$\sqrt{2}$ ，$\sqrt{3}$ などの平方根や円周率 π は 無理数 である。

Step 2　予想問題　　1 平方根

1ページ
30分

【平方根】

❶ 次の平方根を求めなさい。

☐(1)　49

☐(2)　$\dfrac{25}{81}$

（　　　　　　　　）　　　　　　　　　（　　　　　　　　）

☐(3)　64 の平方根の負の方　　☐(4)　0.09 の平方根の負の方

（　　　　　　　　）　　　　　　　　　（　　　　　　　　）

【根号を使った表し方】

❷ 次の数の平方根を，根号 $\sqrt{}$ を使って表しなさい。

☐(1)　7

☐(2)　13

（　　　　　　　　）　　　　　　　　　（　　　　　　　　）

【根号を使わずに表す数】

よく出る

❸ 次の数を根号を使わずに表しなさい。

☐(1)　$\sqrt{121}$　　　　　☐(2)　$-\sqrt{81}$　　　　　☐(3)　$(\sqrt{3})^2$

（　　　　　）　　　（　　　　　）　　　（　　　　　）

☐(4)　$(-\sqrt{11})^2$　　　☐(5)　$\sqrt{13^2}$　　　　☐(6)　$-\sqrt{(-8)^2}$

（　　　　　）　　　（　　　　　）　　　（　　　　　）

☐(7)　$-\sqrt{0.64}$　　　☐(8)　$-\sqrt{1}$　　　　☐(9)　$\sqrt{\dfrac{4}{25}}$

（　　　　　）　　　（　　　　　）　　　（　　　　　）

【平方根と根号】

よく出る

❹ 次の文の下線部の誤りをなおして，正しい文にしなさい。

☐(1)　100 の平方根は $\underline{10}$ である。　☐(2)　$\sqrt{16}$ は $\underline{\pm 4}$ である。

（　　　　　　　　）　　　　　　　　　（　　　　　　　　）

☐(3)　$\sqrt{(-3)^2}$ は $\underline{-3}$ である。　☐(4)　$(-\sqrt{6})^2$ は $\underline{-6}$ である。

（　　　　　　　　）　　　　　　　　　（　　　　　　　　）

💡ヒント

❶
(1)$7^2=49$，$(-7)^2=49$
(3)64 の平方根は 2 つ
あるが，求められて
いるのは，負の方で
ある。

✖ ミスに注意
正の数の平方根は，
正と負の 2 つあるこ
とに注意しよう。

❷
a を正の数とするとき，
正の方の平方根を $\sqrt{a}$，
負の方を $-\sqrt{a}$ と表
す。

❸
正負の符号が決定して
いるので，答えに $\pm$ は
つかない。
(1)$\sqrt{121}=\sqrt{11^2}$
(4)$(-\sqrt{11})^2=(\sqrt{11})^2$
(6)$-\sqrt{(-8)^2}=-\sqrt{64}$
　　　　　$=-\sqrt{8^2}$

📋 テスト得ダネ
平方根を答えるのか，
根号をはずすのか，
そのちがいを区別し
ておこう。

❹
(2)$\sqrt{a}$ は正の方の平方
　根である。
(3)$\sqrt{(-3)^2}=\sqrt{9}$
(4)(負の数)²=正の数

【平方根の大小】

❺ 次の2つの数の大小を，不等号を使って表しなさい。

□(1)　$\sqrt{10}$，$\sqrt{13}$ 　　　　　　□(2)　6，$\sqrt{35}$

（　　　　　　　）　　　　　　（　　　　　　　）

□(3)　-9，$-\sqrt{80}$ 　　　　　　□(4)　-3，$-\sqrt{9.4}$

（　　　　　　　）　　　　　　（　　　　　　　）

【有理数と無理数①】

❻ 次の小数を分数で表しなさい。ただし，結果は，それ以上約分できない形で答えなさい。

□(1)　0.375 　　　　　　□(2)　4.02

（　　　　　　　　）　　　（　　　　　　　　）

【有理数と無理数②】

❼ 数を下の図のように分類しました。次の数は，下の図の①～④のどこに入るか答えなさい。

□(1)　-7

（　　　　　　）

□(2)　$-\sqrt{11}$

（　　　　　　）

□(3)　0.8

（　　　　　　）

□(4)　$\sqrt{9}$

（　　　　　　）

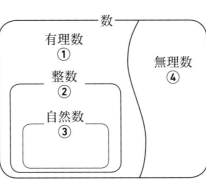

【小数と有理数，無理数】

❽ 次の問いに答えなさい。

□(1)　2.64^2，2.65^2 を求めなさい。

（ $2.64^2 =$ 　　　　），（ $2.65^2 =$ 　　　　）

□(2)　$\sqrt{7}$ の小数第2位を求めなさい。

（　　　　　　　）

□(3)　7の平方根は，次の数直線上のどこにありますか。

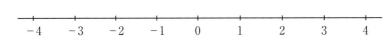

12

ヒント

❺

2つの数を2乗した数で大小関係を比較する。

(2)$6^2 = 36$，$(\sqrt{35})^2 = 35$ で，$36 > 35$ だから，$\sqrt{36} > \sqrt{35}$

(3)$(-9)^2 = 81$，$(-\sqrt{80})^2 = 80$ で，$81 > 80$ だから，$\sqrt{81} > \sqrt{80}$

ミスに注意

負の数は，絶対値が大きいほど小さいね。

❻

(1)0.001 が375 こある。つまり，$\dfrac{1}{1000}$ が 375 こ。

❼

分数の形に表される数を有理数，分数の形には表せない数を無理数という。

❽

$2.64^2 < 7 < 2.65^2$ から，どの整数とどの整数の間にあるかの見当をつける。

テスト得ダネ

テストでは，数直線上の点を読ませる問題や，逆に数直線上に数を矢印などで示す問題が出題されるよ。

Step 1 基本チェック ： 2 根号をふくむ式の計算

15分

教科書のたしかめ　[ ]に入るものを答えよう！

❶ 根号をふくむ式の乗法と除法　▶教 p.53-58　Step 2 ❶-❺

解答欄

☐(1)　$\sqrt{6} \times \sqrt{5} = \sqrt{6 \times 5} = [\ \sqrt{30}\ ]$

(1) _____

☐(2)　$2\sqrt{3}$ を $\sqrt{a}$ の形に表すと，
$2\sqrt{3} = 2 \times \sqrt{3} = \sqrt{2^2} \times \sqrt{3} = \sqrt{[\ 2^2\ ] \times 3} = \sqrt{12}$

(2) _____

☐(3)　$\sqrt{8}$ を $a\sqrt{b}$ の形に変形すると，
$\sqrt{8} = \sqrt{[\ 4\ ] \times 2} = \sqrt{4} \times \sqrt{2} = [\ 2\sqrt{2}\ ]$

(3) _____

☐(4)　$\dfrac{7\sqrt{2}}{\sqrt{7}}$ の分母を有理化すると，$\dfrac{7\sqrt{2}}{\sqrt{7}} = \dfrac{7\sqrt{2} \times \sqrt{7}}{\sqrt{7} \times \sqrt{7}} = [\ \sqrt{14}\ ]$

(4) _____

❷ 根号をふくむ式の加法と減法　▶教 p.59-60　Step 2 ❻

☐(5)　$\sqrt{18} + \sqrt{8} = 3\sqrt{2} + 2\sqrt{2} = [\ 5\sqrt{2}\ ]$

(5) _____

☐(6)　$\sqrt{7} + \dfrac{4}{\sqrt{7}} = \sqrt{7} + \dfrac{4 \times \sqrt{7}}{\sqrt{7} \times \sqrt{7}} = \dfrac{[\ 7\ ]\sqrt{7}}{7} + \dfrac{4\sqrt{7}}{7}$
$= \left[\ \dfrac{11\sqrt{7}}{7}\ \right]$

(6) _____

❸ いろいろな計算　▶教 p.61-62　Step 2 ❼

☐(7)　$(\sqrt{2} + 1)(\sqrt{3} + 2) = \sqrt{2} \times \sqrt{3} + \sqrt{2} \times 2 + 1 \times \sqrt{3} + 1 \times 2$
$= [\ \sqrt{6} + 2\sqrt{2} + \sqrt{3} + 2\ ]$

(7) _____

☐(8)　$(\sqrt{5} - \sqrt{3})^2 = (\sqrt{5})^2 - 2 \times \sqrt{5} \times \sqrt{3} + (\sqrt{3})^2 = [\ 8 - 2\sqrt{15}\ ]$

(8) _____

☐(9)　$(\sqrt{5} + \sqrt{3})(\sqrt{5} - \sqrt{3}) = (\sqrt{5})^2 - (\sqrt{[\ 3\ ]})^2 = [\ 2\ ]$

(9) _____

❹ 近似値と有効数字　▶教 p.63-67　Step 2 ❽-❿

☐(10)　$\sqrt{3} = 1.732$ として，$\sqrt{12}$ の値を求めると，
$\sqrt{12} = [\ 2\sqrt{3}\ ] = 2 \times [\ 1.732\ ] = [\ 3.464\ ]$

(10) _____

☐(11)　ある長さの測定値 3.5 cm が小数第 2 位を四捨五入した近似値であるとき，真の値を a cm とすると，a は，
$[\ 3.45\ ] \leqq a < [\ 3.55\ ]$ の範囲にある。

(11) _____

教科書のまとめ　___ に入るものを答えよう！

☐ 分母に根号がある数は，分母と分子に同じ数をかけて，分母に根号をふくまない形に変えることができる。このことを，分母を 有理化 するという。

☐ 近似値から真の値をひいたものを 誤差 という。

☐ 近似値を表す数のうち，信頼できる数字を 有効数字 という。

Step 2　予想問題　：　② 根号をふくむ式の計算

1ページ
30分

【平方根の積と商】

❶ 次の計算をしなさい。

□(1)　$\sqrt{2} \times 3\sqrt{5}$　　　　　□(2)　$\sqrt{35} \div \sqrt{7}$

【$\sqrt{a}$ の形に表す】

❷ 次の数を $\sqrt{a}$ の形に表しなさい。

□(1)　$2\sqrt{3}$　　　　　　□(2)　$\dfrac{\sqrt{8}}{4}$

（　　　　　　）　　　　　　（　　　　　　）

【根号の中を簡単にする】

❸ 次の数を $a\sqrt{b}$ の形に変形しなさい。

□(1)　$\sqrt{20}$　　　　□(2)　$\sqrt{200}$　　　　□(3)　$\sqrt{50}$

（　　　　　）　　（　　　　　）　　（　　　　　）

□(4)　$\sqrt{\dfrac{11}{49}}$　　　　□(5)　$\sqrt{0.03}$　　　　□(6)　$\sqrt{0.0002}$

（　　　　　）　　（　　　　　）　　（　　　　　）

【分母の有理化】

❹ 次の数の分母を有理化しなさい。

□(1)　$\dfrac{2}{\sqrt{6}}$　　　　□(2)　$\dfrac{9}{4\sqrt{3}}$　　【点UP】　□(3)　$\dfrac{2\sqrt{3}}{\sqrt{18}}$

（　　　　　）　（　　　　　）　　　　　（　　　　　）

【平方根の乗法・除法】

よく出る

❺ 次の計算をしなさい。

□(1)　$\sqrt{18} \times \sqrt{20}$　　　　　□(2)　$\sqrt{24} \times \sqrt{54}$

□(3)　$3\sqrt{2} \times 2\sqrt{3}$　　　　　□(4)　$4\sqrt{5} \times 2\sqrt{3}$

□(5)　$\sqrt{27} \div \sqrt{6}$　　　　　□(6)　$\sqrt{63} \div \sqrt{27}$

💡ヒント

❶

$\sqrt{a}\sqrt{b} = \sqrt{ab}$

$\dfrac{\sqrt{a}}{\sqrt{b}} = \sqrt{\dfrac{a}{b}}$

(2)$\sqrt{35} \div \sqrt{7} = \dfrac{\sqrt{35}}{\sqrt{7}}$

❷

$a\sqrt{b} = \sqrt{a^2}\sqrt{b}$
　　　$= \sqrt{a^2 b}$

❸

$\sqrt{a^2 \times b} = \sqrt{a^2 b}$
　　　　$= a\sqrt{b}$

📋テスト得ダネ

根号の中を，ある数
の2乗との積の形に
表せるようにするこ
とがポイントだよ。

❹

(3)分母の根号の中の数
　を小さくしてから有
　理化する。

❌ミスに注意

変形したあと，約分
を忘れないようにし
よう。

❺

根号の中は，小さい自
然数にする。

(5)，(6)は分母を有理化
し，分母に根号をふく
まない形にしておく。

　　　　　　　　　　　　　　　　　　　　　　　　　　　[解答 ▶ p.7]

【根号をふくむ式の加法と減法】

❻ 次の計算をしなさい。

☐(1)　$3\sqrt{8}+2\sqrt{32}$

☐(2)　$2\sqrt{6}-3\sqrt{6}+4\sqrt{6}$

☐(3)　$\sqrt{50}+2\sqrt{45}-\sqrt{20}$

☐(4)　$3\sqrt{12}-4\sqrt{27}+2\sqrt{75}$

☐(5)　$\sqrt{20}+\dfrac{3}{\sqrt{5}}$

☐(6)　$\sqrt{27}-\dfrac{1}{\sqrt{3}}-\dfrac{4}{\sqrt{12}}$

【いろいろな計算】

❼ 次の計算をしなさい。

☐(1)　$\sqrt{5}\,(3\sqrt{5}+\sqrt{2})$

☐(2)　$(\sqrt{5}-2)(\sqrt{3}+\sqrt{2})$

☐(3)　$(\sqrt{7}+3)(\sqrt{7}-5)$

☐(4)　$(1-\sqrt{5})^2$

☐(5)　$(\sqrt{6}+2)(\sqrt{6}-2)$

☐(6)　$(\sqrt{3}-2)^2-(4-\sqrt{2})(4+\sqrt{2})$

【根号をふくむ数の近似値】

❽ $\sqrt{2}=1.41$，$\sqrt{20}=4.47$ として，次の値を求めなさい。

☐(1)　$\sqrt{200}$

☐(2)　$\sqrt{2000}$

☐(3)　$\sqrt{0.02}$

（　　　　　）　　（　　　　　　）　（　　　　　　）

【誤差と有効数字】

❾ ある長さの測定値 51.4 m が，小数第 2 位を四捨五入した近似値であるとします。真の値を a m とするとき，a の値の範囲を，不等号を使って表しなさい。　　　　　　　（　　　　　　　　）

【近似値と有効数字】

❿ 次の近似値の有効数字が（　）内のけた数であるとき，それぞれの近似値を，整数の部分が 1 けたの数と，10 の累乗との積の形で表しなさい。

☐(1)　2300 g（3 けた）

☐(2)　35000 m（4 けた）

（　　　　　　　）　　　　（　　　　　　　）

[解答 ▶ p.8]　**15**

💡ヒント

❻

根号の中の数を素因数分解して，根号の中を簡単にしてから計算する。

(5), (6)は，分母を有理化してから計算する。

📋テスト得ダネ
根号をふくむ式の加法と減法は，テストに必ず出題されるよ。

❼

(3)〜(6)乗法公式を利用する。

📋テスト得ダネ
平方根の四則計算は出題頻度の高い問題である。特に，文字式の分配法則や乗法公式と関連づけて，しっかり計算できる力をつけておこう。

❽

小数点の位置から 2 けたごとに区切って考える。そのとき，
$\sqrt{100}=10$
$\sqrt{0.01}=\sqrt{\dfrac{1}{100}}$
$=\sqrt{\left(\dfrac{1}{10}\right)^2}=\dfrac{1}{10}$

❾

小数第 2 位を四捨五入した結果が，51.4 m である。

❿

有効数字が 0 の場合は 0 まで書く。

Step 3 予想テスト　2章 平方根

30分　目標 80点　/100点

❶ 次の数について，(1)～(3)は，平方根を求めなさい。(4)～(6)は，$\sqrt{}$ を使わないで表しなさい。

知　18点(各3点)

☐(1)　36

☐(2)　0.9

☐(3)　$\dfrac{2}{3}$

☐(4)　$\sqrt{169}$

☐(5)　$-\sqrt{144}$

☐(6)　$(-\sqrt{13})^2$

❷ 次の各組の数の大小を，不等号を使って表しなさい。考　9点(各3点)

☐(1)　2，$\sqrt{5}$

☐(2)　$\sqrt{\dfrac{1}{3}}$，$\dfrac{1}{3}$

☐(3)　-1.6，$-\sqrt{3}$

❸ 次の数について，(1)～(3)は，$\sqrt{a}$ の形になおしなさい。(4)～(6)は，$\sqrt{}$ の中をできるだけ簡単な数にして表しなさい。考　18点(各3点)

☐(1)　$3\sqrt{2}$

☐(2)　$\dfrac{\sqrt{33}}{3}$

☐(3)　$\dfrac{2}{3}\sqrt{6}$

☐(4)　$\sqrt{48}$

☐(5)　$\sqrt{75}$

☐(6)　$\sqrt{\dfrac{12}{49}}$

❹ 次の数の分数を有理化しなさい。知　9点(各3点)

☐(1)　$\dfrac{2}{\sqrt{5}}$

☐(2)　$\dfrac{4}{\sqrt{6}}$

☐(3)　$\dfrac{\sqrt{6}}{\sqrt{18}}$

❺ 次の計算をしなさい。知　24点(各3点)

☐(1)　$\sqrt{72} \div (-\sqrt{6})$

☐(2)　$\sqrt{27} \times \sqrt{15}$

☐(3)　$\sqrt{50} + \sqrt{27} - \sqrt{32}$

☐(4)　$\sqrt{200} - \sqrt{98} - \sqrt{18}$

☐(5)　$\dfrac{6}{\sqrt{3}} + \sqrt{3}$

☐(6)　$(\sqrt{3} - \sqrt{5})^2$

☐(7)　$(\sqrt{3} - \sqrt{7})(\sqrt{3} + \sqrt{7})$

☐(8)　$(\sqrt{3} + \sqrt{2})^2 - (\sqrt{3} - \sqrt{2})^2$

6 次の式の値を求めなさい。知 8点(各4点)

□(1) $x=\sqrt{5}+\sqrt{2}$, $y=\sqrt{5}-\sqrt{2}$ のとき, x^2-y^2 の値

□(2) $x=\sqrt{2}-1$ のとき, x^2+2x+1 の値

7 次の問いに答えなさい。知 考 8点(各4点)

□(1) ある物の重さ 387 g を, 近似値を用いて 400 g と表したとき, 誤差を求めなさい。

□(2) ある時間の測定値 8.7 秒が, 小数第2位を四捨五入した近似値であるとします。真の値を a 秒とするとき, a の値の範囲を, 不等号を使って表しなさい。

8 四捨五入によって得られた近似値 4500 m を(1), (2)のように表したとき, この値はそれぞれ何 m の位まで測定したものであるか答えなさい。知 6点(各3点)

□(1) 4.5×10^3 m □(2) 4.50×10^3 m

❶	(1)	(2)	(3)
	(4)	(5)	(6)
❷	(1)	(2)	(3)
❸	(1)	(2)	(3)
	(4)	(5)	(6)
❹	(1)	(2)	(3)
❺	(1)		(2)
	(3)		(4)
	(5)		(6)
	(7)		(8)
❻	(1)		(2)
❼	(1)		(2)
❽	(1)		(2)

Step 1 基本チェック

1 2次方程式
2 2次方程式の利用

15分

教科書のたしかめ [ ]に入るものを答えよう！

1 ❶ 2次方程式とその解　▶教 p.74-75　Step 2 ❶❷

解答欄

□(1)　$x=2$ を $x^2-3x+2=0$ の左辺の x に代入すると，左辺の値は
　　　[0]になるので，$x=2$ は $x^2-3x+2=0$ の[解]である。

(1) _____

1 ❷ 因数分解による解き方　▶教 p.76-79　Step 2 ❸❹

□(2)　$x^2+x-12=0$ の左辺を因数分解すると，$(x-3)(x+4)=0$
　　　$x-3=0$ または $x+4=0$　よって，$x=$[3]，[-4]

(2) _____

1 ❸ 平方根の考えを使った解き方　▶教 p.80-84　Step 2 ❺❻

□(3)　2次方程式 $x^2=9$ を平方根の考えを使って解く。x は2乗して
　　　[9]になる数であるから，[9]の平方根である。
　　　よって，$x=$[±3]

(3) _____

□(4)　2次方程式 $(x-2)^2=36$ を解くと，$x-2=6$，$x-2=-6$ より，
　　　その解は，$x=$[8]，[-4]

(4) _____

1 ❹ 2次方程式の解の公式　▶教 p.85-87　Step 2 ❼

□(5)　$5x^2-6x-2=0$ で，解の公式に $a=$[5]，$b=-6$，$c=-2$ を代
　　　入すると，
　　　$x=\dfrac{-(-6)\pm\sqrt{(-6)^2-4\times5\times(-2)}}{2\times5}=\left[\ \dfrac{3\pm\sqrt{19}}{5}\ \right]$

(5) _____

1 ❺ いろいろな2次方程式　▶教 p.88　Step 2 ❽❾

□(6)　$(x-2)^2+8-3x=0$，$x=$[3]，[4]

(6) _____

2 ❶ 2次方程式の利用　▶教 p.90-93　Step 2 ❿-⓬

(7) _____

□(7)　差が2，積が63であるような2つの正の整数がある。
　　　小さい方の整数を x とすると，大きい方の整数は[$x+2$]
　　　x についての方程式をつくると，[$x(x+2)=63$]
　　　よって，2つの正の整数は，[7]，[9]

教科書のまとめ ___ に入るものを答えよう！

□ $ax^2+bx+c=0$（a は0でない定数，b，c は定数）の形になる方程式を，x についての
　 <u>2次方程式</u> という。

□ 2次方程式 $ax^2+bx+c=0$ の解は，$\dfrac{-b\pm\sqrt{b^2-4ac}}{2a}$ で，この解を2次方程式の <u>解の公式</u>
　という。

Step 2 予想問題

1 2次方程式
2 2次方程式の利用

1ページ
30分

【2次方程式】

❶ 次の方程式から，2次方程式をすべて選びなさい。

⑦　$x^2-3x+1=x^2$　　　　　⑦　$(x-2)(x-3)=0$

⑦　$x^2-64=-4+x$　　　　　⑦　$(x+5)(x-7)=x^2$

（　　　　　　　　　）

【2次方程式の値】

❷ $x=1$，2，3，4，5，6，7，8 について，$x^2-8x+15$ の値を求め，表の空らんをうめなさい。

x	1	2	3	4	5	6	7	8
$x^2-8x+15$								

【因数分解による解き方①】

❸ 次の方程式を解きなさい。

☐(1)　$x(x-7)=0$　　　　　☐(2)　$(x-3)(x-2)=0$

☐(3)　$(x+5)(x-9)=0$　　　☐(4)　$(3x+1)(x-4)=0$

☐(5)　$(x+5)^2=0$　　　　　☐(6)　$x(2x-1)=0$

【因数分解による解き方②】

❹ 次の方程式を解きなさい。

☐(1)　$x^2-3x=0$　　　　　☐(2)　$x^2+4x+3=0$

☐(3)　$x^2+7x+10=0$　　　☐(4)　$x^2+x-2=0$

☐(5)　$x^2-8x-48=0$　　　☐(6)　$y^2-3y-70=0$

☐(7)　$a^2-7a+12=0$　　　☐(8)　$x^2+8x+16=0$

☐(9)　$x^2-6x+9=0$　　　☐(10)　$x^2-9=0$

💡ヒント

❶

式を展開し，左辺＝0 となるように整理する。

❷

$x=4$ のとき，

$x^2-8x+15$

$=4^2-8×4+15$

$=-1$

❸

「$AB=0$ ならば $A=0$，または $B=0$」を利用する。

(4)$3x+1=0$

　　または $x-4=0$

(5)$x+5=0$

❌ミスに注意

$x=0$ も解の1つであることを忘れないようにしよう。

❹

左辺を因数分解して解く。

(2)和が 4，積が 3 となる 2 数を見つけて因数分解する。

📘テスト得ダネ

一般の因数分解の問題にともなって出題されることもある。公式をしっかりと確認しておこう。

【$x^2=k$ の形に変形する解き方】

 ❺ 次の方程式を解きなさい。

□(1)　$x^2=16$　　　　□(2)　$x^2=12$

□(3)　$3x^2-21=0$　　□(4)　$25x^2-9=0$

□(5)　$(x-7)^2=16$　　□(6)　$(x+5)^2=10$

【$(x+m)^2=k$ の形に変形する解き方】

❻ 次の方程式を解きなさい。

□(1)　$x^2-2x-6=0$　　□(2)　$x^2+4x-4=0$

□(3)　$x^2-6x-16=0$　　□(4)　$x^2+10x+21=0$

【解の公式による解き方】

❼ 次の問いに答えなさい。

□(1)　方程式 $ax^2+bx+c=0$ を次のように解きました。

　　□にあてはまる数や式を求めなさい。

解　$ax^2+bx+c=0$

$x^2+\dfrac{b}{a}x+\dfrac{c}{a}=0$　　両辺を x^2 の係数 a でわる

$x^2+\dfrac{b}{a}x=-\dfrac{c}{a}$　　定数項を移項する

$x^2+\dfrac{b}{a}x+(\boxed{①})^2=-\dfrac{c}{a}+(\boxed{①})^2$　　x の係数の半分の2乗を両辺に加える

$(x+\boxed{①})^2=\dfrac{\boxed{②}}{4a^2}$　　左辺を平方の形にする

$x+\boxed{①}=\pm\dfrac{\boxed{③}}{2a}$ より，$x=\dfrac{-b\pm\sqrt{b^2-4ac}}{2a}$

（①　　　②　　　③　　）

□(2)　(1)の結果を利用して，次の方程式を解きなさい。

①　$3x^2-5x-1=0$　　②　$2x^2-2x-1=0$

【いろいろな2次方程式】

 ❽ 次の方程式を解きなさい。

□(1)　$2x^2-(x-1)^2=-2$　　□(2)　$2x(x+4)=(x+3)(x+5)$

ヒント

❺
$ax^2=b$
$x^2=\dfrac{b}{a}$
$x=\pm\sqrt{\dfrac{b}{a}}$
(3)(4)定数項を右辺に移項する。
(5)(6)$X^2=a$ とし，$X=\pm\sqrt{a}$

❻
定数項を右辺に移項し，左辺を平方の形にする。

テスト得ダネ
この方法なら，因数分解ができる，できないにかかわらず，いつでも解けて，便利だよ。

❼
(1)2次方程式
$ax^2+bx+c=0$
の解は，
$x=\dfrac{-b\pm\sqrt{b^2-4ac}}{2a}$
の公式で求めることができる。因数分解できない2次方程式も，この公式で解くことができる。
(2)①公式の，a に3，b に -5，c に -1 をあてはめる。
②公式の，a に2，b に -2，c に -1 をあてはめる。

❽
まず与えられた式を計算して，$ax^2+bx+c=0$ の形にまとめる。

【解が与えられた2次方程式】

❾ 次の問いに答えなさい。

□(1) x の2次方程式 $x^2+2ax-a+1=0$ の解の1つが3のとき，a の値ともう1つの解を求めなさい。

$(a=\qquad)$

$(もう1つの解\quad x=\qquad)$

□(2) x の2次方程式 $x^2-4x-a=0$ の解の1つが $2-\sqrt{3}$ であるとき，a の値ともう1つの解を求めなさい。

$(a=\qquad)$

$(もう1つの解\quad x=\qquad)$

ヒント

❾
解の値を代入しても方程式は成り立つ。a について解く。

✕ミスに注意
方程式で求めた解が問題にあわない場合がある。その解が，問題にあっているか必ず確かめよう。

3章

【整数の問題】

❿ 連続する2つの正の偶数の積は，168になりました。2つの正の偶数を求めなさい。

$(\qquad)$

❿
連続する2つの正の偶数を $2x$ と $2x+2$ とおく。

【図形の問題①】

⓫ 縦16m，横24mの長方形の土地に，右の図の影をつけた部分のように，同じ幅の道をつけて X，Y の2つの部分に分けます。X と Y を合わせた面積が $345\,m^2$ になるようにするには，道幅を何mにすればよいですか。

$(\qquad)$

⓫
中央の道を右に寄せて，道幅を x m として考える。

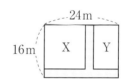

✕ミスに注意
道幅 x m を求めるが，$0<x<16$ の制限があることに注意しよう。

【図形の問題②】

⓬ 正方形の厚紙の4すみから，1辺の長さが6cmの正方形を切り取り，ふたのない箱を作ると，その容積は $2400\,cm^3$ になりました。厚紙の1辺の長さを求めなさい。ただし，厚紙の厚さは考えないものとします。

$(\qquad)$

⓬
箱の縦，横の長さは，厚紙の1辺から $6\,(cm)\times2$ の長さを切り取った残り。

Step 3 **予想テスト** : **3章 2次方程式** /100点

30分 目標80点

❶ 次の方程式のうち，2次方程式はどれですか。知　　　　　　　　　　　　　6点

① $x^2 = 10x$　　　　② $x(x-6) = 7$　　　　③ $x^2 + 8x = (x+2)^2$

❷ 次の方程式を解きなさい。知　　　　　　　　　　　　　　　　　20点(各5点)

(1) $x^2 - 6 = 0$　　　　　　　　　　(2) $4x^2 = 28$

(3) $(x-4)^2 = 5$　　　　　　　　　　(4) $(x+3)^2 - 8 = 0$

❸ 次の方程式を解きなさい。知　　　　　　　　　　　　　　　　　24点(各6点)

(1) $8 - 4x^2 = 3$　　　　　　　　　　(2) $8x = x^2 + 16$

(3) $3(x+1)^2 - 12 = 0$　　　　　　　　(4) $2x^2 + x - 6 = 0$

❹ x についての2次方程式 $x^2 - 2ax - 6a = 0$ の解の1つが6であるとき，次の問いに答えなさい。考 知　　　　　　　　　　　　　　　　　　　　　　　12点(各6点)

(1) a の値を求めなさい。　　　　(2) もう1つの解を求めなさい。

❺ 3つの連続した正の整数があります。もっとも大きい数の8倍は，他の2つの数の積より2だけ小さくなるといいます。このとき，もっとも大きい数を x として，次の問いに答えなさい。考　　　　　　　　　　　　　　　　　　　　　　　14点(各7点)

(1) 方程式をつくりなさい。　　　　(2) もっとも大きい数を求めなさい。

❻ 右の図のような長方形の土地に，縦，横の辺に平行に同じ幅の道路をとり，花だんを 2 個つくったところ，道路の面積がもとの土地の面積の半分になったといいます。道路の幅を x m として，次の問いに答えなさい。考 14点(各7点)

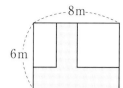

(1) 道路の面積について，方程式をつくりなさい。

(2) 道路の幅を求めなさい。

❼ 右の図のような正方形 ABCD があります。点 P は点 A を出発して，辺 AB 上を秒速 1 cm で点 B まで動きます。
また，点 Q は点 P と同時に点 B を出発して，辺 BC 上を同じ速さで点 C まで動きます。
△PBQ の面積が 15 cm² になるのは，点 P が点 A を出発してから何秒後か求めなさい。考 10点

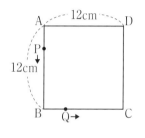

❶			
❷	(1)		(2)
	(3)		(4)
❸	(1)		(2)
	(3)		(4)
❹	(1)		(2)
❺	(1)		(2)
❻	(1)		(2)
❼			

Step 1 基本チェック   ① 関数 $y=ax^2$

15分

教科書のたしかめ　[ ]に入るものを答えよう！

❶ 2乗に比例する関数　▶ 教 p.98-101　Step 2 ❶-❸

解答欄

□(1)　直角をはさむ2辺の比が1：2の直角三角形で，直角をはさむ短いほうの辺の長さを x cm，その面積を y cm^2 とするとき，y を x の式で表すと，$[\ y=x^2\ ]$ である。

(1)

□(2)　y は x の2乗に比例し，$x=3$ のとき $y=6$ であるとき，

① $y=ax^2$ とおいて，$x=3$，$y=6$ を代入して a の値を求めると，$a=\left[\ \dfrac{2}{3}\ \right]$ となる。よって，y を x の式で表すと，$\left[\ y=\dfrac{2}{3}x^2\ \right]$

(2)①

②

② $x=6$ のときの y の値は，①で求めた式に $x=6$ を代入して求めると，$y=[\ 24\ ]$ である。

❷ 関数 $y=ax^2$ のグラフ　▶ 教 p.102-110　Step 2 ❹-❻

□(3)　関数 $y=-2x^2$ について，下の表を完成させよ。

x	…	-3	-2	-1	0	1	2	3	…
y	…	⑦ -18	④ -8	⑨ -2	⑨ 0	⑨ -2	⑨ -8	⑨ -18	…

(3)⑦　　　④

　　⑨　　　⑨

　　⑨　　　⑨

　　⑨

□(4)　2つの関数 $y=\dfrac{1}{2}x^2$，$y=-\dfrac{1}{2}x^2$ のグラフをかけ。

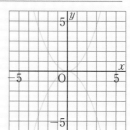

(4)

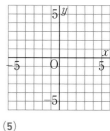

□(5)　関数 $y=-\dfrac{1}{2}x^2$ のグラフは，関数 $y=\dfrac{1}{2}x^2$ のグラフを，x 軸について [対称移動] したものである。

(5)

教科書のまとめ　___ に入るものを答えよう！

□ y が x の関数で，$y=ax^2$（a は0でない定数）と表されるとき，y は x の2乗に 比例 するという。また，この定数 a を 比例定数 という。

□ $y=ax^2$ のグラフは，
・原点 を通り，y 軸について対称な 放物線 とよばれる曲線である。
・$a>0$ のとき，上 に開いていて，$a<0$ のとき，下 に開いている。
・a の絶対値が大きいほど，グラフの開きぐあいは 小さく なる。

□ 放物線の対称軸を，その放物線の 軸 といい，放物線と軸との交点を，その放物線の 頂点 という。

Step 2 予想問題 ： 1 関数 $y=ax^2$

1ページ
30分

【2乗に比例する関数】

❶ 次の場合について，y を x の式で表しなさい。

☐(1) 底辺が x cm，高さが $4x$ cm のときの三角形の面積 y cm^2

（　　　　　　　　　）

☐(2) 底面が半径 x cm の円で，高さが 6 cm の円錐の体積 y cm^3

（　　　　　　　　　）

ヒント

❶
面積や体積を求める公式は，しっかりおぼえておこう。

4章

【2乗に比例する量】

❷ 下の表は，立方体の1辺の長さ x cm と表面積 y cm^2 の関係を表にしたものです。あとの問いに答えなさい。

x(cm)	0	0.5	1	1.5	2	2.5
y(cm^2)	0	1.5	6	13.5	24	37.5
x^2(cm^2)						

☐(1) x の値が2倍，3倍，……，n 倍と変わるとき，それに対応する y の値はどのように変わりますか。

（　　　　　　　　　）

☐(2) x^2 のらんに数値を入れなさい。

☐(3) 表から，y を x の式で表しなさい。

（　　　　　　　　　）

❷
(3)x^2 の値を6倍すると，y の値になる。

テスト得ダネ

2乗をふくむ公式
・(正方形の面積)
　＝(1辺)×(1辺)
・(円の面積)
　＝(半径)×(半径)
　　　　×(円周率)
はテストでよく出るよ。

【2乗に比例する関数を求める】

よく出る

❸ y は x の2乗に比例し，$x=4$ のとき $y=32$ です。
次の問いに答えなさい。

☐(1) y を x の式で表しなさい。

（　　　　　　　　　）

☐(2) $x=7$ のときの y の値を求めなさい。

（　　　　　　　　　）

☐(3) $y=50$ のときの x の値を求めなさい。

（　　　　　　　　　）

❸
(1)$y=ax^2$ に
　$x=4$，$y=32$ を代入
　して，a を求める。
(2)(1)で求めた
　$y=ax^2$ の式に，
　$x=7$ を代入する。
(3)(1)で求めた
　$y=ax^2$ の式に，
　$y=50$ を代入する。

【関数 $y=ax^2$ のグラフ】

❹ 次の関数のグラフをかきなさい。

□(1)　$y=2x^2$

□(2)　$y=-x^2$

□(3)　$y=\dfrac{1}{4}x^2$

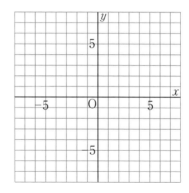

❹

いくつかの点をとり，それらをなめらかにつなぐ。

❌ ミスに注意

グラフをかく問題はよく出題される。きれいな放物線をかくには，点をたくさんとり，つなぐとよい。

【関数 $y=ax^2$ のグラフの選定】

❺ 次の(1)〜(4)の関数のグラフをかきました。(1)〜(4)の関数の式になるグラフを，A〜Dの中からそれぞれ選びなさい。

□(1)　$y=-x^2$　　　□(2)　$y=\dfrac{5}{7}x^2$

（　　　　　　）　（　　　　　　）

□(3)　$y=\dfrac{1}{2}x^2$　　　□(4)　$y=-\dfrac{3}{5}x^2$

（　　　　　　）　（　　　　　　）

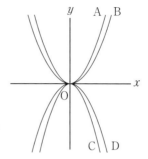

❺

$y=ax^2$ のグラフは，$a>0$ なら上に開き，$a<0$ なら下に開く。a の絶対値が大きいほど，グラフの開きぐあいが小さくなる。

【関数 $y=ax^2$ のグラフの形状】

❻ 次の関数㋐〜㋗について，下の問いに答えなさい。

㋐　$y=-x^2$　　㋑　$y=3x^2$　　㋒　$y=2x^2$　　㋓　$y=-3x^2$

㋔　$y=\dfrac{1}{3}x^2$　　㋕　$y=\dfrac{1}{2}x^2$　　㋖　$y=-\dfrac{1}{4}x^2$　　㋗　$y=-\dfrac{1}{2}x^2$

□(1)　グラフが下に開いた放物線はどれですか。

（　　　　　　　　　　）

□(2)　グラフの開き方がもっとも大きいものはどれですか。

（　　　　　　　　　　）

□(3)　2 つのグラフが x 軸について対称なものはどれとどれですか。

（　　　　　　　　　　）

□(4)　グラフが $(-3,\ 3)$ を通るものはどれですか。

（　　　　　　　　　　）

❻

(1)比例定数が負のものは，グラフが下に開いている。

(2)比例定数の絶対値が小さいほど，グラフの開き方は大きくなる。

(3)比例定数の符号が反対で，絶対値が等しい 2 つの関数のグラフは，x 軸について対称である。

(4)$x=-3$，$y=3$ を代入して等号が成立するかをみる。

[解答 ▶ p.14]

Step 1 基本チェック 　 1 関数 $y=ax^2$ 　 2 関数の利用 　 15分

教科書のたしかめ　[ ]に入るものを答えよう！

1 ❸ 関数 $y=ax^2$ の値の変化　▶教 p.112-117　Step 2 ❶-❹

解答欄

□(1) $y=-x^2$ の値は，$x<0$ のとき，x の値が増加すると，対応する y の値は[増加]する。

(1) _____

□(2) $y=-x^2$ の値は，x のどんな値に対しても，つねに $y\leqq$[0]である。$x=0$ のとき，y は最大値[0]をとる。

(2) _____

□(3) 関数 $y=x^2$ において，x の変域が $-3\leqq x\leqq1$ のとき，y の変域は [$0\leqq y\leqq9$]である。

(3) _____

□(4) 関数 $y=2x^2$ について，x の値が 2 から 4 まで増加するときの 変化の割合は，$\dfrac{2\times[\ 4\ ]^2-2\times[\ 2\ ]^2}{4-2}=[\ 12\ ]$

(4) _____

□(5) 関数 $y=-2x^2$ について，x の値が 1 から 3 まで増加するときの 変化の割合は，$\dfrac{-2\times[\ 3\ ]^2-(-2)\times[\ 1\ ]^2}{3-1}=[\ -8\ ]$

(5) _____

2 関数の利用　▶教 p.119-123　Step 2 ❺-❼

□(6) ある列車が駅を出発してから x 秒間に進む距離を y m とすると，$0\leqq x\leqq50$ では，y は x の 2 乗に比例し，50 秒間では 500 m 進む という。

(6)① _____

② _____

③ _____

① $y=ax^2$ とするとき，比例定数 a は，$a=\left[\ \dfrac{1}{5}\ \right]$ となる。

② 列車が駅を出発してから 10 秒後には，駅から[20]m の地点 を通過する。

③ 駅から 320 m の地点を通過するのは，駅を出発してから，[40]秒後である。

教科書のまとめ　＿＿に入るものを答えよう！

関数 $y=x^2$ の値の変化

□関数 $y=x^2$ の値は，$x<0$ のとき，x の値が増加すると，y の値は 減少 する。

□関数 $y=x^2$ の値は，$x>0$ のとき，x の値が増加すると，y の値は 増加 する。

□関数 $y=x^2$ の値は，$x=0$ のとき，$y=0$ となり，減少から 増加 に変わる。

□関数のとる値のうち，もっとも大きいものを 最大値 といい，もっとも小さいものを 最小値 と いう。

Step 2 予想問題　　$\boxed{1}$ **関数 $y=ax^2$**　$\boxed{2}$ **関数の利用**

1ページ
30分

【関数 $y=x^2$ の値の変化】

❶ 関数 $y=x^2$ の値について，次の ☐ にあてはまるものを入れなさい。

- ☐(1)　$x<0$ の範囲では，x が増加するとき，y は ☐ する。

- ☐(2)　$x>0$ の範囲では，x が増加するとき，y は ☐ する。

- ☐(3)　x のどんな値に対しても，つねに y ☐ 0 である。

　　　$x=0$ のとき，y は最小値 ☐ をとる。

【変域とグラフ】

❷ 次の関数のグラフをかきなさい。また，y の変域と最大値を求めなさい。

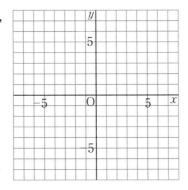

- ☐(1)　$y=\dfrac{1}{4}x^2$　$(-2\leqq x\leqq 4)$

　　変域（　　　　　），最大値（　　　　　）

- ☐(2)　$y=-\dfrac{1}{2}x^2$　$(-3\leqq x\leqq 2)$

　　変域（　　　　　），最大値（　　　　　）

【変化の割合】

❸ 次の問いに答えなさい。

- ☐(1)　関数 $y=\dfrac{1}{2}x^2$ について，x の値が 3 から 5 まで増加したときの変化の割合を求めなさい。（　　　　　　）

- ☐(2)　y が x の 2 乗に比例し，x の値が -1 から 5 まで増加するときの変化の割合が 6 である関数の式を求めなさい。

　　　　　　　　　　　（　　　　　　）

【平均の速さ】

❹ ボールが斜面を転がり始めてからの時間を x 秒，その間に転がる距離を y m とすると，y は x の 2 乗に比例します。ある斜面でボールを転がしたところ，ボールが転がり始めてから 4 秒間に 32 m 転がりました。このとき，次の問いに答えなさい。

- ☐(1)　y を x の式で表しなさい。（　　　　　　）

- ☐(2)　1 秒後から 3 秒後までの平均の速さを求めなさい。

　　　　　　　　　　　（　　　　　　）

【💡ヒント】

❶
$y=x^2$ のグラフをかいて，x が増加するときの，y の増加・減少を調べる。

❷
変域の指定がある関数のグラフは，その範囲だけでかき，変域外の範囲は点線でかき表す。

❸
(1)（変化の割合）
$=\dfrac{(y\text{の増加量})}{(x\text{の増加量})}$

(2)$y=ax^2$ とおいて，
$6=\dfrac{25a-a}{5-(-1)}$
より a の値を求める。

❹
(2)平均の速さは変化の割合として求める。

【📋テスト得ダネ】
関数の式を求めてから，それを利用する問題はよく出題されるよ。

【関数 $y=ax^2$ の利用】

5 右の図のような三角形の辺 AB 上を，点 P が
頂点 A から B まで動くとき，P を通って辺
AB に垂直な直線と辺 AC との交点を Q とし
ます。
点 P の動いた距離を x cm，△APQ の面積
を y cm^2 とするとき，次の問いに答えなさい。

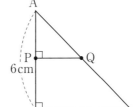

(1) y を x の式で表しなさい。
（　　　　　　　）

(2) x と y の変域をそれぞれ求めなさい。
x の変域（　　　　　　），y の変域（　　　　　　）

(3) △APQ の面積と台形 PBCQ の面積が等しくなるときの x の値を
求めなさい。　　　　　　（　　　　　　）

ヒント

❺
(1)△APQ は直角二等
辺三角形になる。
(2)点 P は，頂点 A か
ら頂点 B まで動く。
そこから x の変域，
y の変域を考える。
(3)台形 PBCQ の面積は，
△ABC－△APQ
で求める。
それは △APQ の面
積に等しい。

4章

【放物線と直線の交点の座標】

6 関数 $y=x^2$ のグラフと直線 ℓ が，右の図のよ
うに 2 点 A，B で交わっています。2 点 A，B
の座標と，直線 ℓ の式を求めなさい。
点 A（　　，　　），点 B（　　，　　）
直線 ℓ（　　　　　　）

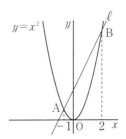

❻
$y=x^2$ に A，B の x 座
標の値をそれぞれ代入
して，y 座標を求める。
直線 ℓ は $y=ax+b$ に
A，B の座標の値を代
入し，連立させて解く。

【いろいろな関数】

7 次の表は，ある運送会社の料金表です。

重さ(kg まで)	0.5	1	2.5	5	7	10	14	20
料金(円)	350	500	700	950	1250	1650	2150	2800

(1) 重さが x kg のときの料金を y
円とすると，y は x の関数とい
えますか。
（　　　　　　　）

(2) x は y の関数といえますか。
（　　　　　　　）

(3) 5 kg までの範囲で，x と y との
関係をグラフに表しなさい。

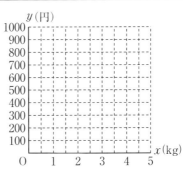

❼
(1)重さが決まれば，そ
れに対する料金は 1
つに決まる。
(2)料金が決まっても，
それに対する重さに
は幅があり，1 つと
は限らない。

Step 3 予想テスト　4章 関数 $y=ax^2$

30分　目標80点　/100点

❶ y は x の2乗に比例し，$x=2$ のとき $y=16$ です。次の問いに答えなさい。 考　12点(各3点)

□(1)　比例定数を求めなさい。　　　　　　□(2)　y を x の式で表しなさい。

□(3)　$x=-3$ のときの y の値を求めなさい。　□(4)　$y=100$ のときの x の値を求めなさい。

❷ 次の関数㋐〜㋔について，下の問いに答えなさい。 考　15点(各5点)

㋐　$y=x^2$　　㋑　$y=-x^2$　　㋒　$y=0.5x^2$　　㋓　$y=\dfrac{1}{3}x^2$　　㋔　$y=-4x^2$

□(1)　グラフが下に開いているものはどれですか。

□(2)　グラフの開き方がもっとも大きいものはどれですか。

□(3)　x 軸について対称なグラフになるのはどれとどれですか。

❸ 次の関数のグラフをかき，y の変域を求めなさい。 知　24点(グラフ各6点，変域各6点)

□(1)　$y=x^2$　（$-2\leqq x\leqq1$）

□(2)　$y=-\dfrac{1}{3}x^2$　（$-3\leqq x\leqq4$）

❹ 関数 $y=\dfrac{1}{4}x^2$ について，x の値が次のように増加するときの変化の割合を求めなさい。 考
10点(各5点)

□(1)　1から3まで　　　　　　　　　　　□(2)　-6 から -2 まで

❺ 右の図のような斜面にそってボールを転がしたとき，転がり始めてから x 秒間に転がった距離を y m とすると，x と y の関係は $y=3x^2$ となりました。このとき，次の場合の平均の速さを求めなさい。 知

12点(各6点)

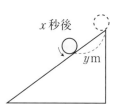

□(1)　1秒後から2秒後

□(2)　3秒後から5秒後

6 右のグラフは，ある都市のタクシーの走行距離と料金を グラフに表したものです。x km 走ったときの料金を y 円として，次の問いに答えなさい。知 　15点(各5点)

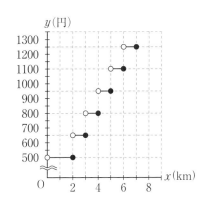

□(1) 2.5 km 走ったときの料金はいくらですか。

□(2) x の変域を $0<x\leqq 6$ とするときの y の値をすべて求めなさい。

□(3) 950 円はらったとき，走った距離 x km の範囲を，不等号を用いて表しなさい。

7 右の図は，2 つの関数 $y=ax^2$ と $y=-x+6$ のグラフを表したものです。

交点 A，B の x 座標がそれぞれ -6，3 であるとき，次の問いに答えなさい。知 　12点(各6点)

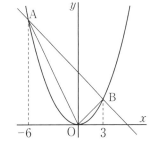

□(1) a の値を求めなさい。

□(2) △AOB の面積を求めなさい。

4章

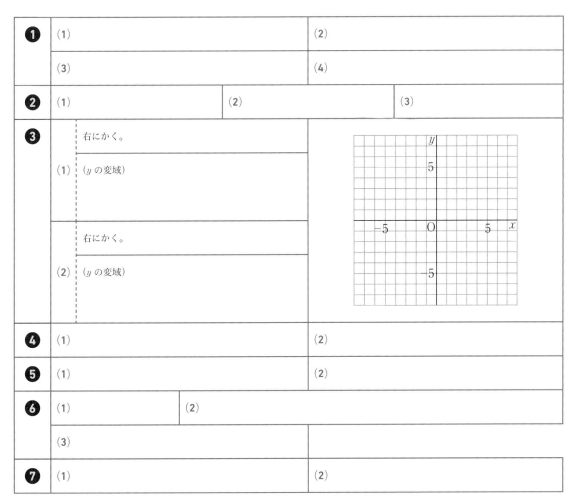

❶	(1)		(2)	
	(3)		(4)	

❷	(1)		(2)		(3)	

❸	右にかく。	
	(1)	(y の変域)
	右にかく。	
	(2)	(y の変域)

❹	(1)		(2)	

❺	(1)		(2)	

❻	(1)		(2)	
	(3)			

❼	(1)		(2)	

Step 1 基本チェック ： 1 相似な図形

15分

教科書のたしかめ　[ ]に入るものを答えよう！

❶ 相似な図形の性質　▶ 教 p.130-136　Step 2 ❶-❸

解答欄

☐(1) 四角形 ABCD を拡大または縮小した図形が，四角形 A′B′C′D′ となるとき，この 2 つの図形は[相似]であるという。
四角形 ABCD と四角形 A′B′C′D′ が相似であることを，記号[∽]を使って，[四角形 ABCD ∽ 四角形 A′B′C′D′]と表す。

(1)　_____

☐(2) $4:x=12:15$ のとき，$4×15=x×12$ より，$x=$[5]

(2)　_____

☐(3) △ABC∽△DEF で，その相似比が 2:5，BC=8 cm のとき，
$2:5=8:$EF　よって，EF=[20]cm である。

(3)　_____

❷ 三角形の相似条件　▶ 教 p.137-140　Step 2 ❹-❻

☐(4) 右の図の平行四辺形 ABCD で，
頂点 A から辺 BC，辺 CD に
垂線 AE，AF をひく。
△ABE と △ADF で，
仮定から

(4)　_____

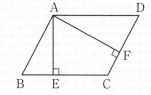

　　∠AEB=∠[AFD](=90°)　……①
平行四辺形の対角は等しいから
　　∠ABE=∠[ADF]　　　　……②
①，②より，2 組の角がそれぞれ等しいから
　　△ABE[∽]△ADF

. . . .

教科書のまとめ　___ に入るものを答えよう！

☐ 2 つの図形の一方を拡大または縮小した図形が，他方と合同になるとき，この 2 つの図形は <u>相似</u> であるという。

☐ **相似な図形の性質**　[1]　相似な図形では，対応する線分の <u>長さの比</u> は，すべて等しい。
　　　　　　　　　　　[2]　相似な図形では，対応する <u>角の大きさ</u> は，それぞれ等しい。

☐ 相似な図形で，対応する線分の長さの比を <u>相似比</u> という。

☐ 2 つの図形の対応する頂点を結んだ直線が 1 点 O で交わり，O から対応する点までの距離の比がすべて等しいとき，2 つの図形は相似になる。このような位置にある 2 つの図形を <u>相似の位置</u> にあるといい，点 O を <u>相似の中心</u> という。

☐ **三角形の相似条件**　[1]　<u>3 組の辺の比</u> がすべて等しい。
　　　　　　　　　　　[2]　<u>2 組の辺の比とその間の角</u> がそれぞれ等しい。
　　　　　　　　　　　[3]　<u>2 組の角</u> がそれぞれ等しい。

Step 2 予想問題 : **1 相似な図形**

【相似な図形】

❶ 右の図で，四角形 ABCD と四角形 EFGH は相似です。
次の問いに答えなさい。

□(1) 2つの四角形が相似であることを，相似の記号を使って表しなさい。

(　　　　　　　　　)

□(2) 辺 AB に対応する辺をいいなさい。

(　　　　　　　)

□(3) ∠H の大きさを求めなさい。

(　　　　　　　)

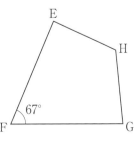

●ヒント

❶

(3)対応する角の大きさはそれぞれ等しい。

【相似な図形の性質】

❷ 右の図で，四角形 ABCD∽四角形 EFGH のとき，次の問いに答えなさい。

□(1) ∠D，∠F の大きさを求めなさい。

∠D(　　　　　) ∠F(　　　　　)

□(2) 四角形 ABCD と四角形 EFGH の相似比を答えなさい。

(　　　　　　　)

□(3) 辺 FG の長さを求めなさい。

(　　　　　　　)

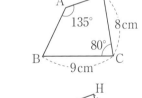
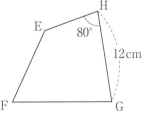

❷

(1)対応する角の大きさは等しい。

(2)対応する辺の比が相似比になる。

(3)対応する辺の長さの比は等しい。

自テスト得ダネ

テストでは，対応する角の大きさ，対応する辺の長さ，相似比を求める問題は必ず出題されるよ。

【拡大図と縮図】

❸ 次の図に，点 O を相似の中心として，△ABC を2倍に拡大した
□ △A′B′C′，△DEF を $\frac{1}{2}$ に縮小した △D′E′F′ をかきなさい。

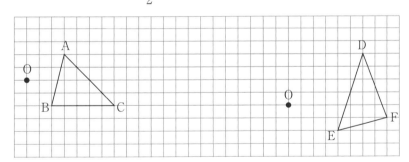

❸

2つの図形の対応する頂点を結んだ直線が1点 O で交わり，O から対応する点までの距離の比がすべて等しいとき，2つの図形は相似になる。

【三角形の相似条件】

❹ 次の三角形の中から，相似な三角形の組をすべて選び，記号を使って表しなさい。また，その相似条件をいいなさい。

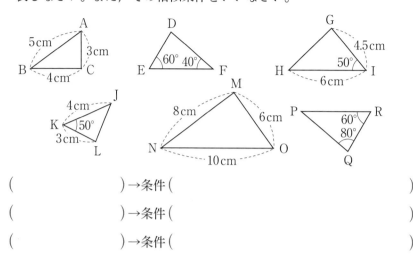

（　　　　　　　　）→条件（　　　　　　　　　　　　　　　　）

（　　　　　　　　）→条件（　　　　　　　　　　　　　　　　）

（　　　　　　　　）→条件（　　　　　　　　　　　　　　　　）

ヒント

❹
三角形の相似条件をしっかりおぼえておくこと。
形が似ていると思われる図形については，位置を変えてみるとわかりやすい場合がある。

✕ ミスに注意
相似な図形の頂点は対応する順に書くようにする。

【三角形の相似①】

❺ 右の図で，点Cは線分AE，BDの交点です。このとき，△ABC∽△DECであることを証明しました。
次の□をうめて証明を完成させなさい。

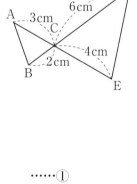

〔証明〕　△ABC と [⑦　　　] で，

AC：DC＝3：6＝[④　　]：[⑨　　]

BC：EC＝2：4＝[④　　]：[⑨　　]

よって，AC：DC＝BC：EC　……①

[⑩　　　] は等しいから　[⑰　　　]＝∠DCE　……②

①，②より，[⑪　　　　　　　　　　　] がそれぞれ等しいから，

　　　△ABC∽△DEC

❺
対応する線分から，長さの比を考える。

【三角形の相似②】

❻ 直角三角形 ABC の直角の頂点 A から斜辺に垂線 AD をひき，∠B の二等分線と AD，AC との交点をそれぞれ E，F とします。
このとき，BF：BE＝BA：BD であることを証明しなさい。

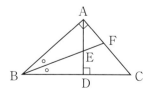

❻
△FAB∽△EDB を示す。

テスト得ダネ
相似の証明では，「2組の角がそれぞれ等しい」ことを証明する問題が多いよ。そこで，相似を証明するときは，まず角に注目しよう。

Step 1　基本チェック

1 相似な図形

15分

教科書のたしかめ　[ ]に入るものを答えよう!

❸ 相似な図形の面積の比　▶教 p.141-143　Step 2 ❶❷

解答欄

☐(1)　右の図の △ABC において，点 M は
辺 BC を 2:3 に分ける点で，点 N は
線分 AM を 3:2 に分ける点である。
△ABC の面積が 50 cm² であるとき，
△AMC の面積は，

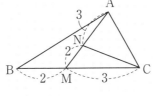

$50 \times \left[\dfrac{3}{5} \right] = [\,30\,] \,(\text{cm}^2)$

△ANC の面積は，

$[\,30\,] \times \dfrac{3}{5} = [\,18\,] \,(\text{cm}^2)$

(1)＿＿＿＿＿＿＿＿＿

☐(2)　右の図で，∠B＝∠E とするとき，

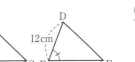

①　△ABC と △DEF において，
AB:DE＝[5]:[4]
BC:EF＝[5]:[4]
2 組の[辺]の比とその間の[角]がそれぞれ等しいから，
△ABC∽△[DEF]

②　△ABC と △DEF の面積の比は，[5²]:[4²]
△ABC＝125 cm² のとき，△DEF＝[80]（cm²）

(2)①＿＿＿＿＿＿＿＿
＿＿＿＿＿＿＿＿＿
＿＿＿＿＿＿＿＿＿
＿＿＿＿＿＿＿＿＿
＿＿＿＿＿＿＿＿＿

②＿＿＿＿＿＿＿＿

❹ 相似な立体とその性質　▶教 p.144-145　Step 2 ❸❹

☐(3)　相似な 2 つの円柱 A，B があり，その高さは
それぞれ 9 cm，15 cm である。
A，B の底面の円周の長さの比は[3:5]，
表面積の比は[9:25]，
体積の比は[27:125]である。

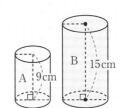

(3)＿＿＿＿＿＿＿＿＿
＿＿＿＿＿＿＿＿＿
＿＿＿＿＿＿＿＿＿

教科書のまとめ　＿＿に入るものを答えよう!

☐ 高さが等しい 2 つの三角形の面積の比は，底辺の長さの比 に等しい。

☐ 2 つの相似な図形の相似比が $m:n$ であるとき，それらの面積の比は $m^2:n^2$ である。

☐ 1 つの立体を一定の割合で拡大または縮小した立体は，もとの立体と 相似 であるという。

☐ 2 つの相似な立体の相似比が $m:n$ であるとき，それらの表面積の比は $m^2:n^2$ であり，体積の比は $m^3:n^3$ である。

Step 2 予想問題 ┊ **1 相似な図形**

⏱ 1ページ 30分

【相似比と面積の比①】

❶ 右の図の △ABC において，点 M は辺 BC を 1:2 に分ける点で，点 N は線 分 AM の中点です。

このとき，次の問いに答えなさい。

☐(1) 次の面積の比を，もっとも簡単な 整数の比で表しなさい。

① △ABM：△ACM

② △CAN：△CMN

(   )   (   )

☐(2) △ABC の面積が $60\,\mathrm{cm}^2$ のとき，次の三角形の面積を求めなさい。

① △CMN

② △NBC

(   )   (   )

【相似比と面積の比②】

❷ 右の図で，DE∥BC のとき， 次の問いに答えなさい。

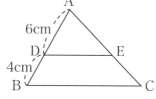

☐(1) △ADE：△ABC を求めなさい。

(   )

☐(2) △ABC の面積が $50\,\mathrm{cm}^2$ のとき，台形DBCE の面積を求めなさい。

(   )

【面積の比と体積の比①】

❸ 相似な 2 つの立体 A，B があり，その対応する辺の比が 2:5 です。 A の表面積が $200\,\mathrm{cm}^2$，B の体積が $75\,\mathrm{cm}^3$ であるとき，次の問いに 答えなさい。

☐(1) B の表面積を求めなさい。 (   )

☐(2) A の体積を求めなさい。 (   )

【面積の比と体積の比②】

❹ 底面積が $32\,\mathrm{cm}^2$，$50\,\mathrm{cm}^2$ の相似な角柱をそれぞれ A，B として，A ☐ の体積が $320\,\mathrm{cm}^3$ のときの B の体積を求めなさい。

(   )

💡ヒント

❶

高さが等しい 2 つの三 角形の面積の比は，底 辺の長さの比に等しい。

(2)② △NBC＝ △CMN＋△BMN

❷

2 つの相似な図形の相 似比が $m:n$ であると き，それらの面積の比 は $m^2:n^2$ である。

(2)台形 DBCE＝ △ABC－△ADE

❸

2 つの相似な立体の相 似比が $m:n$ であると き，それらの表面積の 比は $m^2:n^2$ で，体積 の比は $m^3:n^3$ である。

(2)A：B＝$2^3:5^3$ となる。

❹

まず面積の比から，相 似比を求める。

32：50＝16：25 より， 相似比は 4：5 となる。

Step 1 **基本チェック** ： ② 平行線と線分の比　③ 相似の利用　　🕐 15分

教科書のたしかめ　[　]に入るものを答えよう！

② ❶ 三角形と比　▶教 p.147-151　Step 2 ❶

解答欄

□(1)　右の図において，線分 DE，EF，FD の中で，△ABC の辺に平行な線分は，[DE]である。

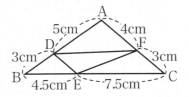

(1) _____

② ❷ 中点連結定理　▶教 p.152-153　Step 2 ❷❸

□(2)　右の図 △ABC において，点 M，N がそれぞれ辺 AB，AC の中点であるとき，中点連結定理により

∠AMN＝[55]°，MN＝[3.5]cm

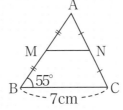

(2) _____

_____

② ❸ 平行線と線分の比　▶教 p.154-157　Step 2 ❹-❻

□(3)　下の図で，$p /\!/ q /\!/ r$ とするとき，x，y の値を求めよ。

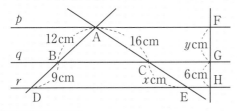

$x \cdots$[12]cm
$y \cdots$[8]cm

(3) _____

_____

③ 相似の利用　▶教 p.159-163　Step 2 ❼

□(4)　500 分の 1 の縮図で 4 cm の距離は，実際は[20]m である。

(4) _____

....

教科書のまとめ　___に入るものを答えよう！

□ △ABC の辺 AB，AC 上にそれぞれ点 D，E をとるとき，次のことが成り立つ。

[1]　DE／BC ならば，AD：AB＝AE：<u>AC</u> ＝ <u>DE</u>：BC

[2]　DE／BC ならば，AD：DB＝AE：<u>EC</u>

[3]　AD：AB＝AE：AC ならば，<u>DE</u> ／BC

[4]　AD：DB＝AE：EC ならば，DE／ <u>BC</u>

□ 三角形の 2 辺の中点を結んだ線分について，次のことが成り立つ。
これを <u>中点連結定理</u> という。

△ABC の辺 AB，AC の中点をそれぞれ M，N とすると，

MN／BC，MN＝$\dfrac{1}{2}$BC

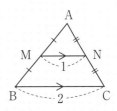

5章

Step 2 予想問題 ● ② **平行線と線分の比**
● ③ **相似の利用**

1ページ
30分

【三角形と比】

よく出る

❶ 下の図で，PQ∥BC とするとき，x の値を求めなさい。

□(1)

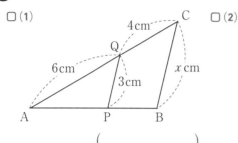

(   )

□(2)

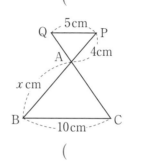

(   )

□(3)

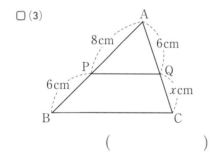

(   )

□(4)

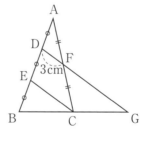

(   )

【中点連結定理①】

❷ 右の図は，△ABC の辺 AB を3等分す
□ る点を D，E とし，辺 AC の中点を F，
辺 BC の延長と直線 DF の延長との交点
を G としたものです。
DF＝3 cm のとき，線分 EC，DG の長さ
を求めなさい。

EC (   )，DG (   )

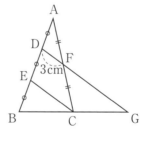

【中点連結定理②】

❸ 右の図の △ABC において，点 E，F は
□ それぞれ辺 AB，AC の中点で，
BD：DC＝2：1 です。また，点 G は線
分 EC と FD の交点で CG＝4 cm です。
このとき，EG の長さを求めなさい。

(   )

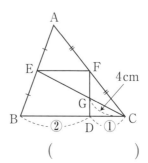

ヒント

❶

(1)PQ∥BC より，
PQ：BC＝AQ：AC
である。かんちがい
しやすいが，
PQ：BC＝AQ：QC
ではないので注意し
よう。

⊗ ミスに注意

対応する辺に注意し
よう。2つの三角形
をとり出して考える
とわかりやすいね。

❷

△AEC と △BDG で中
点連結定理が使える。

⊗ ミスに注意

対象となる三角形が
わかりにくいときは，
その三角形だけを外
へとり出してかき表
してみよう。

❸

中点連結定理をもとに，
EF：CD を求める。

☑ テスト得ダネ

中点連結定理などの
平行線がらみの問題
は，相似でもっとも
出題される分野だよ。

　　　　　　　　　　　　　　　　　　　　　　　　　　　　[解答 ▶ p.18-19]

【平行線と線分の比①】

よく出る

❹ 次の図で，$\ell /\!\!/ m /\!\!/ n$ のとき，x，y の値を求めなさい。

❹
いくつかの平行線に2
直線が交わるときも，
対応する線分の比は等
しい。

□(1)

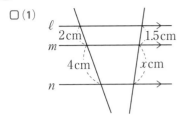

$x\,($　　　　　$)$

□(2)

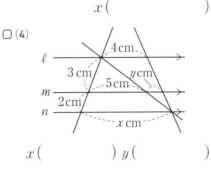

$x\,($　　　　　$)$

□(3)

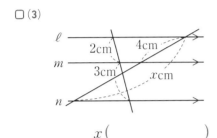

$x\,($　　　　　$)$

□(4)

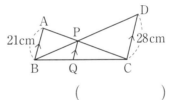

$x\,($　　　　$)\ y\,($　　　　$)$

【平行線と線分の比②】

点UP

❺ 右の図で，点 P は AC と BD の交点で，
AB$/\!\!/$PQ$/\!\!/$DC です。このとき，線分
PQ の長さを求めなさい。

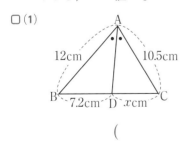

（　　　　　　　）

❺
AB：CD をもとに，必
要な線分の比を調べる。

【角の二等分線と線分の比】

❻ 次の図において，線分 AD は ∠BAC の二等分線です。
このとき，x の値を求めなさい。

❻
△ABC において，∠A
の二等分線と辺 BC の
交点を D とすると
AB：AC＝BD：DC

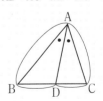

□(1)

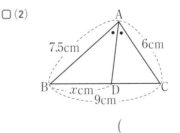

（　　　　　　　）

□(2)

（　　　　　　　）

【相似の利用】

❼ 正方形の土地があります。500 分の 1 の縮図で，正方形の 1 辺の長さ
を測ると 2 cm でした。正方形の土地の実際の面積を求めなさい。

（　　　　　　　）

❼
正方形の土地の 1 辺の
長さを，縮図から求め
る。

Step 3 予想テスト ： 5章 相似

30分 ／100点 目標 80点

❶ 右の図で，四角形 ABCD と四角形 EFGH は相似です。
次の問いに答えなさい。[知] 　　　　　　　　24点(各4点)

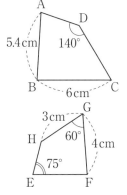

□(1) 四角形 ABCD と四角形 EFGH が相似であることを，相似の記号を使って書き表しなさい。

□(2) 四角形 ABCD と四角形 EFGH の相似比を求めなさい。

□(3) 次の辺の長さや，角の大きさを求めなさい。
　　① 辺 CD 　　② 辺 EF 　　③ ∠C 　　④ ∠B

❷ 右の図において，△ABC と △ACD が相似であることを証明しなさい。また，AC＝6 cm，AD＝3 cm のとき，AB は何 cm になりますか。[知] 　　20点(証明15点，長さ5点)

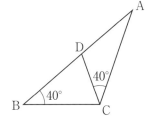

❸ 右の図のように，△ABC の辺 AC を3等分した点をD，E とします。E から線分 BD に平行な直線をひき，辺 BC との交点を F，線分 AF と BD との交点を G とします。次の問いに答えなさい。[知]

10点(各5点)

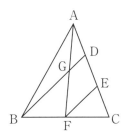

□(1) BF：FC を求めなさい。

□(2) DB：DG を求めなさい。

❹ 下の図で，ℓ // m // n のとき，x の値を求めなさい。[知] 　　10点(各5点)

□(1) 　　　　　　　　　　　　　　□(2)

5 右の図の三角形で，点 D，E，F は辺 AB をそれぞれ 4 等分した点であり，また，点 G，H は辺 BC をそれぞれ 3 等分した点です。線分 AG と EH の交点を I とします。 考 知　18点(各6点)

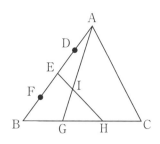

- □(1)　AI：IG を求めなさい。
- □(2)　△AGH：△IGH を求めなさい。
- □(3)　△ABC の面積は，△IGH の面積の何倍になるか求めなさい。

6 右の図のように，円錐を底面に平行な面で高さを 2 等分してできる立体を，それぞれ上から A，B とするとき，次の問いに答えなさい。 考 知　18点(各6点)

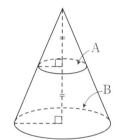

- □(1)　A，B の底面の円の面積の比を求めなさい。
- □(2)　A，B の側面積の比を求めなさい。
- □(3)　A，B の体積の比を求めなさい。

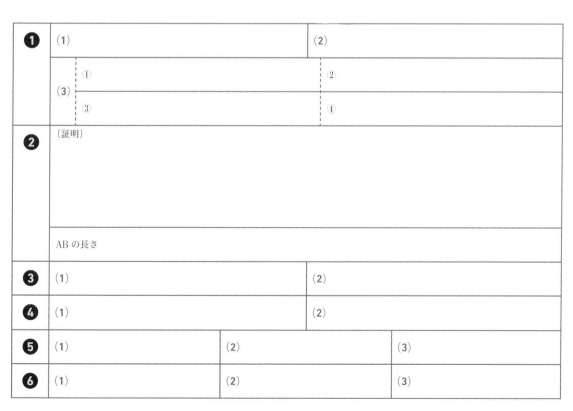

❶	(1)		(2)	
	(3)	①		②
		③		④
❷	〔証明〕			
	AB の長さ			
❸	(1)		(2)	
❹	(1)		(2)	
❺	(1)	(2)		(3)
❻	(1)	(2)		(3)

Step 1 基本チェック ： 1 円

15分

教科書のたしかめ ［ ］に入るものを答えよう！

① 円周角の定理 ▶教 p.170-175 Step 2 ❶-❺

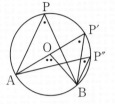

解答欄

□(1) ∠AOB＝60°のとき， ∠APB＝［ 30° ］

(1)＿＿＿＿＿＿

□(2) ∠AOB＝222°のとき， ∠APB＝［ 111° ］

(2)＿＿＿＿＿＿

□(3) ∠APB＝80°のとき， ∠AOB＝［ 160° ］

(3)＿＿＿＿＿＿

□(4) ∠APB＝40°のとき， ∠AP′B＝∠AP″B＝［ 40° ］

(4)＿＿＿＿＿＿

□(5) 右の図で， ∠APB＝∠［ BQC ］＝∠［ CRD ］

(5)＿＿＿＿＿＿

∠APB＝∠aのとき， ∠AOB＝［ $2∠a$ ］

∠PBQ＝∠ABP のとき， 弧［ PQ ］＝弧［ AP ］

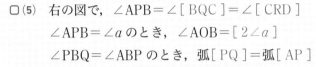

② 円周角の定理の逆 ▶教 p.176-179 Step 2 ❻❼

□(6) 下の図で， 4点 A， B， C， D が必ず1つの円周上にあるものには○， ないものには×をつけよ。

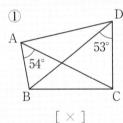

① ［ × ］

② ［ × ］

③ ［ ○ ］

(6)①＿＿＿＿＿

②＿＿＿＿＿

③＿＿＿＿＿

③ 円の性質の利用 ▶教 p.180-183 Step 2 ❽-⓫

□(7) 右の図で， ∠a＝∠b， ∠x＝∠y より，

2組の角がそれぞれ等しいから △APB［ ∽ ］△DPC

(7)＿＿＿＿＿＿

教科書のまとめ ＿＿＿ に入るものを答えよう！

□右の図の円 O において， $\overarc{AB}$ を除いた円周上に点 P をとるとき，
∠APB を $\overarc{AB}$ に対する 円周角 という。

□ $\overarc{AB}$ を円周角 ∠APB に対する 弧 という。

□ ∠AOB は $\overarc{AB}$ に対する 中心角 である。

□半円の弧に対する円周角の大きさは 90° である。

□円の接線は， 接点を通る半径に 垂直 である。

□右の図で， 円 O の外部の点 P から2つの接線をひいたときの接点を
A， B とするとき， 線分 PA， PB の長さを， 点 P から円 O にひいた
接線の長さ という。

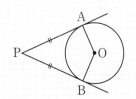

42

Step 2 予想問題 : 1 円

1ページ
30分

【円周角の定理①】

1 右の図において，次の角の大きさを求めなさい。

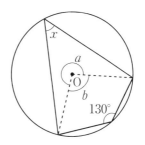

- □(1) ∠a （　　　　　）
- □(2) ∠b （　　　　　）
- □(3) ∠x （　　　　　）

💡ヒント

1

(1)は「1つの弧に対する円周角の大きさは，その弧に対する中心角の大きさの半分である」を利用する。

【円周角の定理②】

2 次の図において，∠x の大きさを求めなさい。

□(1)
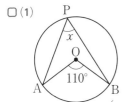
（　　　　　）

□(2)
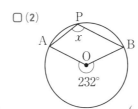
（　　　　　）

□(3)
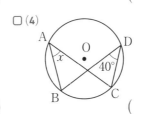
（　　　　　）

□(4)
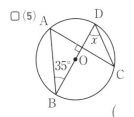
（　　　　　）

□(5)
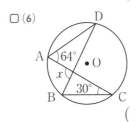
（　　　　　）

□(6)

（　　　　　）

2

(1)～(3)は，「1つの弧に対する円周角の大きさは，その弧に対する中心角の大きさの半分である」を利用する。
特に(3)は，半円の弧に対する円周角である。
(4)～(6)は，「同じ弧に対する円周角の大きさは等しい」を利用する。

📋テスト得ダネ

円周角の定理とその活用は必ず出題されるので，押さえておこう。

【円周角の定理③】

3 右の図のように，円 O の周上に点 A, B, C, D, E があります。このとき，次の問いに答えなさい。

- □(1) $\overgroup{ABD}$ に対する円周角はどれですか。

  （　　　　　）

- □(2) $\overgroup{AED}$ に対する円周角はどれですか。

  （　　　　　）, （　　　　　）

- □(3) ∠BOC＝70°，∠EOB＝170° のとき，∠CDE の大きさを求めなさい。

  （　　　　　）

3

(1)$\overgroup{ABD}$ の上部にある円周角を求める。
(3)円周角 ∠CDE の中心角 ∠BOC＋∠EOB から求める。

【円周角と弧①】

❹ 次の図において，x の値はいくらですか。

▢ (1)

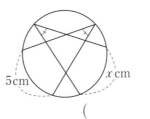

( )

▢ (2)

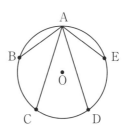

( )

【円周角と弧②】

よく出る

❺ 右の図において，点 A～E は円周を 5 等分し
たものです。次の問いに答えなさい。

▢ (1)　∠BAE の大きさは ∠CAD の何倍かを求
めなさい。　　　　　　　（　　　　　　）

▢ (2)　∠BAE の大きさを求めなさい。

（　　　　　　）

（図：点 A, B, C, D, E が円周上，中心 O）

【円周角の定理の逆①】

❻ 次の図において，∠x の大きさを求めなさい。

▢ (1)

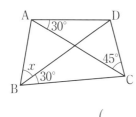

( )

▢ (2)

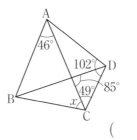

( )

▢ (3)

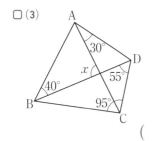

( )

▢ (4)

（図：点 B, D, A, E, C の三角形）

( )

【円周角の定理の逆②】

❼ 四角形 ABCD で，∠ACB ＝∠ADB ならば，
▢　∠BAC ＝∠BDC，∠ABD ＝∠ACD
　が成り立つことを証明しなさい。

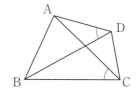

［解答 ▶ p.21］

【円の接線の作図①】

8 右の図は，円 O の外部の点 A から，円 O に
接線 AP，AQ をひく方法を示したものです。

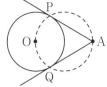

☐(1)　作図の方法を述べなさい。

☐(2)　また，その方法の正しいことを述べなさい。

【円の接線の作図②】

9 次の図において，点 P を通る
☐　円 O の接線を作図しなさい。

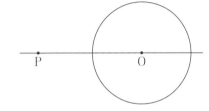

【相似な三角形と円①】

10 次の図のように，2 つの弦 AB，CD が点 P で交わっています。
線分 PD の長さを求めなさい。

☐(1)

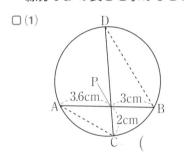

(　　　　)

☐(2)

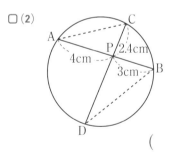

(　　　　)

【相似な三角形と円②】

11 右の図のように，2 つの弦 AB,
☐　CD を延長した直線が，点 P で
交わっています。
このとき，△APC∽△DPB で
あることを証明しなさい。

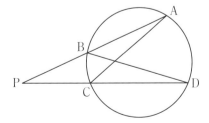

💡ヒント

8
(1)円の接線は，接点を
通る半径に垂直であ
る。
(2)半円の弧に対する円
周角は 90° である。

📋テスト得ダネ
中心角と円周角に関
する問題は必ず出題
される。とくに，中
心角の位置と，どの
弧に対する円周角な
のかに気をつけて解
こう。

9
線分 PO の垂直二等分
線をひき，線分 PO と
の交点を中心として，
線分 PO を直径とする
円をかいて考える。

10
△APC と △DPB にお
いて，円周角の定理よ
り，
∠CAP＝∠BDP
∠PCA＝∠PBD
2 組の角がそれぞれ等
しいから
△APC∽△DPB

11
△APC と △DPB にお
いて，円周角の定理よ
り，等しい大きさの角
をさがす。

6
章

Step 3 **予想テスト** **6章 円**

⏱ 30分 ／100点 目標 80点

❶ 下の図で，∠x の大きさを求めなさい。知 考 　　　30点(各5点)

☐(1)
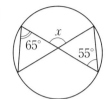

☐(2)
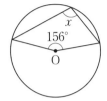

☐(3)

（$\overparen{ACB}$ は円周の $\frac{1}{3}$）

☐(4)
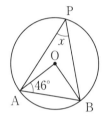

☐(5)
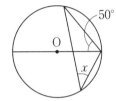

☐(6)
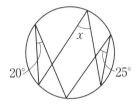

❷ 右の図で，∠AOB，∠OBP の大きさを，それぞれ ∠a，∠b と します。このとき，次の問いに答えなさい。知　　10点(各5点)

☐(1) ∠APB を，∠a を使って表しなさい。

☐(2) ∠OAP の大きさを，∠a，∠b を用いた式で表しなさい。

❸ 右の図で，$\overparen{AB} = \overparen{BC}$，∠ADB＝32° のとき，次の角の大きさを 求めなさい。知　　15点(各5点)

☐(1) ∠BCA

☐(2) ∠ADC

☐(3) ∠BAC

❹ 右の図において，円 O の周上に 4 点 A，B，C，D があります。線分 AC は直径，∠ACB＝30°，∠CAD＝40° のとき，次の問いに答えなさい。知　　12点(各6点)

☐(1) ∠x の大きさを求めなさい。

☐(2) 円周上の 4 つの弧について，$\overparen{AB} : \overparen{BC} : \overparen{CD} : \overparen{DA}$ をもっと も簡単な整数の比で表しなさい。

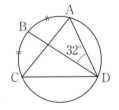

❺ 次の㋐〜㋒の図形のうち，4点 A，B，C，D が1つの円周上にあるものには○，ないものには×をつけなさい。 **考**　　　　　　　　　　　　　　　　　　　　　　　15点(各5点)

㋐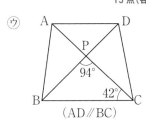

㋑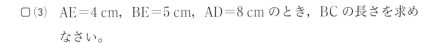

㋒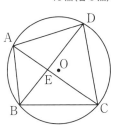

（AD∥BC）

❻ 右の図において，円 O の周上に4点 A，B，C，D があります。線分 AC と BD の交点を E とします。次の問いに答えなさい。 **知** **考**　　　　　　　18点(各6点)

□(1)　△AEB と相似な三角形と，そのときの相似条件をいいなさい。

□(2)　△AED∽△BEC であることを証明しなさい。

□(3)　AE＝4 cm，BE＝5 cm，AD＝8 cm のとき，BC の長さを求めなさい。

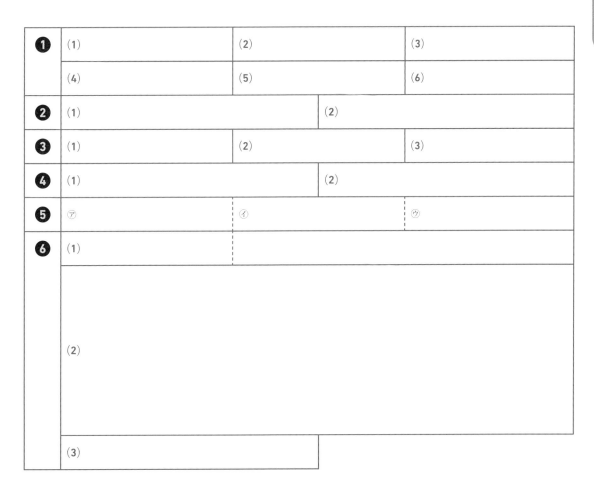

Step 1 基本チェック ▶ 1 三平方の定理

15分

教科書のたしかめ [ ]に入るものを答えよう！

1 三平方の定理   ▶教 p.192-196   Step 2 ❶-❸

解答欄

□(1) 直角三角形の斜辺の長さを c cm，他の2辺の長さを a cm，b cm で表すとき，右の表を完成させよ。

a	[⑦ 6]	5	$\sqrt{2}$
b	8	12	[⑦ $\sqrt{7}$]
c	10	[④ 13]	3

(1)⑦＿＿＿＿

　④＿＿＿＿

　⑦＿＿＿＿

□(2) 次の図の直角三角形で，x の値を求めよ。

①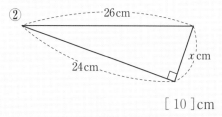

②

$3\sqrt{5}$ cm　6 cm　x cm

26 cm　24 cm　x cm

[9]cm　　　　　　[10]cm

(2)①＿＿＿＿

　②＿＿＿＿

2 三平方の定理の逆   ▶教 p.197-198   Step 2 ❹

□(3) 3辺の長さが a，b，c である三角形において，

$$a^2+b^2=c^2$$

が成り立つならば，その三角形は，長さ[c]の辺を斜辺とする直角三角形である。

(3)＿＿＿＿

□(4) 次のような長さの3辺をもつ三角形のうち，直角三角形になるものには○，ならないものには×をつけよ。

⑦　5 cm，9 cm，10 cm
　　　　　[×]

④　5 cm，12 cm，13 cm
　　　　　[○]

⑦　1.5 cm，2 cm，2.5 cm
　　　　　[○]

⑤　2 cm，$\sqrt{5}$ cm，3 cm
　　　　　[○]

⑥　5 cm，8 cm，12 cm
　　　　　[×]

⑩　$\sqrt{5}$ cm，$\sqrt{13}$ cm，$\sqrt{18}$ cm
　　　　　[○]

(4)⑦＿＿＿

　④＿＿＿

　⑦＿＿＿

　⑤＿＿＿

　⑥＿＿＿

　⑩＿＿＿

....

教科書のまとめ   ___ に入るものを答えよう！

□直角三角形の直角をはさむ2辺の長さを a，b，斜辺の長さを c とすると，等式

　$\underline{a^2} + \underline{b^2} = \underline{c^2}$（三平方の定理） が成り立つ。

□三平方の定理を ピタゴラスの定理 ともいう。

□3辺の長さが a，b，c である三角形において，$a^2+b^2=c^2$ が成り立つならば，その三角形は，長さ c の辺を斜辺とする 直角三角形 である。

Step 2 予想問題 ┃ ① **三平方の定理**

1ページ
30分

【三平方の定理】

点UP ❶ 右の図で，△ABC∽△CBD∽△ACD より，
△ABC：△CBD：△ACD の面積の比を用
いて，三平方の定理 $a^2+b^2=c^2$ が成り立
つことを説明しなさい。

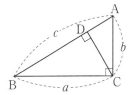

ヒント

❶
斜辺の比が $c:a:b$ な
ので，面積の比は
$c^2:a^2:b^2$ になる。

【直角三角形の辺の長さ①】

よく出る ❷ 次の図の直角三角形で，x の値を求めなさい。

☐(1)

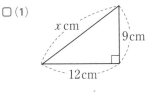

x cm　9cm　12cm

(　　　　　)

☐(2)

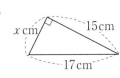

x cm　15cm　17cm

(　　　　　)

☐(3)

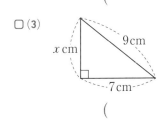

x cm　9cm　7cm

(　　　　　)

☐(4)

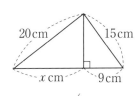

20cm　15cm　x cm　9cm

(　　　　　)

❷
(1)$x^2=9^2+12^2$

(2)$x^2=17^2-15^2$

(3)$x^2=9^2-7^2$

(4) 2 つの三角形に三平
方の定理を使う。

テスト得ダネ

三平方の定理はシン
プルな形なので，式
は立てやすい。しか
し，計算力が問われ
る問題が多いので，
十分注意して計算を
進めよう。

7章

【直角三角形の辺の長さ②】

❸ 直角三角形で，直角をはさむ 2 辺の長さが次のような場合，斜辺の長
さを求めなさい。

☐(1)　7 cm，6 cm

(　　　　　)

☐(2)　$4\sqrt{2}$ cm，7 cm

(　　　　　)

☐(3)　$\sqrt{5}$ cm，$\sqrt{7}$ cm

(　　　　　)

☐(4)　7 cm，24 cm

(　　　　　)

❸
三平方の定理にあては
める。

【三平方の定理の逆】

❹ 次のような長さの 3 辺をもつ三角形のうち，直角三角形はどれですか。
記号で答えなさい。

㋐　6 cm，5 cm，7 cm

㋑　7 cm，24 cm，25 cm

㋒　2 cm，$\sqrt{3}$ cm，$\sqrt{5}$ cm

㋓　3 cm，4 cm，$\sqrt{7}$ cm

(　　　　　)

❹
もっとも大きな数を斜
辺の長さとして三平方
の定理が成り立てば，
その三角形は直角三角
形である。

Step 1 基本チェック : ② 三平方の定理の利用

15分

教科書のたしかめ [ ]に入るものを答えよう!

❶ 平面図形への利用 ▶ 教 p.200-206 Step 2 ❶-❹

解答欄

□(1) 右の図の二等辺三角形 ABC の面積について,

$$4^2 + AH^2 = 5^2$$
$$AH^2 = 9$$

AH>0 であるから, 高さ AH は

[3]cm となるので, 面積は

$$\frac{1}{2} \times 8 \times 3 = [\ 12\ ](cm^2)$$

(1) _____

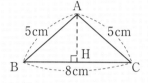

□(2) 右の図の直角三角形 ABH において,

∠ABH=60° であるから,

$x = BH \times 2 = [\ 16\ ](cm)$,

$AH = BH \times \sqrt{3} = 8\sqrt{3}$ (cm)

また, 直角三角形 ACH において,

AH=HC より, $y = [\ 8\sqrt{3}\ ](cm)$, $z = [\ 8\sqrt{6}\ ](cm)$

(2) _____

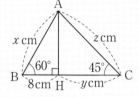

□(3) 座標平面上で, 次の2点間の距離を求めよ。

① 点 A (3, 2), 点 B (1, −1)

$$\sqrt{(1-3)^2 + (-1-2)^2} = [\ \sqrt{13}\ ]$$

② 点 C (−1, 3), 点 D (2, 0)

$$\sqrt{\{2-(-1)\}^2 + (0-3)^2} = [\ 3\sqrt{2}\ ]$$

(3)① _____
　② _____

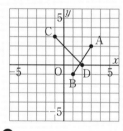

❷ 空間図形への利用 ▶ 教 p.207-210 Step 2 ❺

□(4) 縦, 横, 高さがそれぞれ4cm, 5cm, 7cm である直方体の対角線の長さは, $\sqrt{4^2 + 5^2 + 7^2} = [\ 3\sqrt{10}\ ](cm)$

(4) _____

□(5) 右の図の正四角錐の体積について,

高さ AO は[$3\sqrt{2}$]cm となるので,

体積は

$$\frac{1}{3} \times 6^2 \times 3\sqrt{2} = [\ 36\sqrt{2}\ ](cm^3)$$

(5) _____

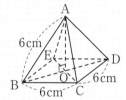

教科書のまとめ ___ に入るものを答えよう!

□ 直角二等辺三角形の辺の比と, 3つの角が30°, 60°, 90°

である直角三角形の辺の比は, それぞれ

<u>$1 : 1 : \sqrt{2}$</u> , <u>$1 : 2 : \sqrt{3}$</u> である。

Step 2 予想問題 : **2** 三平方の定理の利用

1ページ **30分**

【対角線の長さ】

1 次の問いに答えなさい。

□(1) 1辺の長さが5cmである正方形の対角線の長さを求めなさい。

( )

□(2) 2つの対角線の長さが18cm，24cmであるひし形の1辺の長さを求めなさい。

( )

【特別な三角形】

2 次の図の直角三角形で，x の値を求めなさい。

□(1)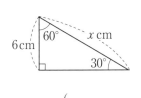

□(2)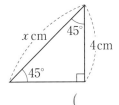

( ) ( )

【弦の長さ】

3 右の図のように，半径5cmの円Oで，中心O
から3cmの距離にある弦ABをひくとき，AB
の長さを求めなさい。

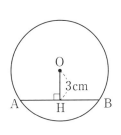

( )

【2点間の距離】

4 座標平面上に，3点 A(5, 4)，B(−6, 2)，C(2, −2) を頂点とする
△ABCがあります。次の問いに答えなさい。

□(1) △ABCはどんな三角形ですか。 ( )

□(2) △ABCの面積を求めなさい。 ( )

【最短距離】

5 縦，横，高さがそれぞれ2cm，4cm，
3cmの直方体があります。
右の図のように，面に沿って，頂点Aか
らGまでぴんと糸を張るとき，糸の長さ
がもっとも短くなるのは，㋐〜㋒のどの
場合ですか。 ( )

ヒント

1
図をかいて考える。

(1)

(2)

2
三角定規に使われる，
特別な直角三角形であ
る。

3
AB＝2AH である。

4
△ABC の3辺の長さ
を求める。

テスト得ダネ
三平方の定理の平面
図形への利用はよく
出題され，立体図形
への利用のもとにも
なるので，必ずマス
ターしておこう。

5
それぞれの場合の展開
図をかいて三平方の定
理により長さを求める。

7章

Step 3 予想テスト : **7 章 三平方の定理**

⏱ 30分 目標 80点 ／100点

❶ 下の図の直角三角形で，x の値を求めなさい。 知

10 点(各 5 点)

☐(1)
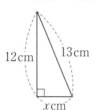

☐(2)
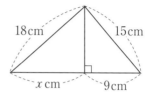

❷ 次の長さを 3 辺とする三角形のうち，直角三角形になるものには○，ならないものには×
☐ をつけなさい。 知

20 点(各 5 点)

① 2 cm，3 cm，4 cm

② 3 cm，4 cm，5 cm

③ 6 cm，7 cm，8 cm

④ $3\sqrt{3}$ cm，$2\sqrt{5}$ cm，$\sqrt{47}$ cm

❸ 下の図形の面積を求めなさい。 知

10 点(各 5 点)

☐(1)
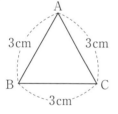

☐(2)
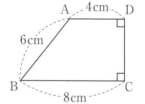

❹ 次の問いに答えなさい。 知

10 点(各 5 点)

点UP ☐(1) A $(2,\ -1)$，B $(7,\ -2)$，C $(4,\ -4)$ の 3 点を頂点とする三角形は，どのような三角形
ですか。

☐(2) 1 辺の長さが a cm の立方体の対角線の長さを，a を使って表しなさい。

点UP ❺ 右の図のように，半径 25 cm の球を，その中心から 7 cm
の距離にある平面で切るとき，次の問いに答えなさい。 考

10 点(各 5 点)

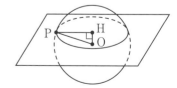

☐(1) 切り口の円の半径を求めなさい。

☐(2) 切り口の円の面積を求めなさい。

6 右の図のような正四角錐 O－ABCD があります。底面の正方形の 1 辺が 3 cm，側面の二等辺三角形の等辺が 4 cm であるとき，次の問いに答えなさい。知　　　　　　　　　20点(各5点)

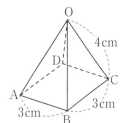

□(1)　辺 BC の中点を E として，線分 OE の長さを求めなさい。

□(2)　この正四角錐の表面積を求めなさい。

□(3)　この正四角錐の高さを求めなさい。

□(4)　この正四角錐の体積を求めなさい。

7 右の図は，ある円錐の展開図です。この展開図を組み立ててできる円錐について，次の問いに答えなさい。知　　　　　　　　　20点(各5点)

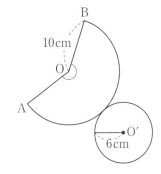

□(1)　底面の円周の長さを求めなさい。

□(2)　側面のおうぎ形の中心角の大きさを求めなさい。

□(3)　この円錐の表面積を求めなさい。

点UP □(4)　この円錐の体積を求めなさい。

❶	(1)		(2)	
❷	①	②	③	④
❸	(1)		(2)	
❹	(1)			
	(2)			
❺	(1)		(2)	
❻	(1)		(2)	
	(3)		(4)	
❼	(1)		(2)	
	(3)		(4)	

Step 1 基本チェック : 1 母集団と標本

15分

教科書のたしかめ　[ ]に入るものを答えよう!

❶ 母集団と標本　▶教 p.218-226　Step 2 ❶-❹

解答欄

□(1)　次の調査では，全数調査と標本調査のどちらが適切か。

①　ある中学校3年生の身長の平均を調べるには，[全数調査]。

②　ある新聞社が世論調査をするには，[標本調査]。

③　缶詰の品質検査は，[標本調査]。

(1)①

②

③

□(2)　ある町で，中学3年生全員2564人を対象に数学のテストを行い，その中から100人の成績を無作為に抽出して平均点を調べた。次の問いに答えよ。

①　母集団は[中学3年生全員]である。

②　母集団の大きさは[2564]人である。

③　標本は[中学3年生の中の一部]である。

④　標本の大きさは[100]人である。

⑤　標本の平均が71.5点ならば，この中学3年生全員の平均点は，[71.5]点ぐらいと考えられる。

(2)①

②

③

④

⑤

❷ 標本調査の利用　▶教 p.227-229　Step 2 ❺

□(3)　箱の中に，大きさの等しい白玉と黒玉が1000個入っている。この中から30個取り出したところ，白玉が12個だった。このとき，箱の中の白玉は，およそ[400]個と考えられる。

(3)

教科書のまとめ　＿＿に入るものを答えよう!

□対象とする集団にふくまれるすべてのものについて行う調査を 全数調査 という。これに対して，対象とする集団の一部を調べ，その結果から集団の状況を推定する調査を 標本調査 という。

□標本調査において，調査対象全体を 母集団 という。また，調査のために母集団から取り出されたものの集まりを 標本 ，母集団から標本を取り出すことを標本の 抽出 という。さらに，母集団にふくまれるものの個数を 母集団の大きさ ，標本にふくまれるものの個数を 標本の大きさ という。

□標本調査を行うときには，母集団の状況をよく表すよう，かたよりなく標本を抽出しなくてはならない。このように標本を抽出することを，無作為に抽出する という。標本を無作為に抽出するために，乱数表や 乱数さい を利用する方法がある。

□標本調査では，取り出した標本の平均値を 標本平均 という。

Step 2 予想問題 ⃝ ① 母集団と標本

1ページ
30分

【標本調査①】

❶ 次の調査は，全数調査と標本調査のどちらが適当であるか答えなさい。

☐(1) 全国の米の収穫量の予測 （　　　　　　　）

☐(2) テレビ番組の視聴率の調査 （　　　　　　　）

☐(3) 国勢調査 （　　　　　　　）

ヒント

❶
全数調査が不可能であったり，手間や時間がかかりすぎるものは標本調査で行う。

(3)正確なデータが必要である。

【標本調査②】

❷ ある中学校 3 年生の夏休み中の読書量を調査するのに，5 学級 200 名の中から標本を選んで調べます。標本の選び方として，適切と思われる方法を次から 2 つ選びなさい。

① 女子だけを選ぶ。　　② くじ引きで 30 人選ぶ。

③ ある 1 学級全員を選ぶ。

④ 出席番号が 5 の倍数の人だけ選ぶ。

（　　　　　　　）

❷
標本となるものにデータとしてかたよりが出る場合は適切でない。それでそのかたよりをなくすために乱数さいや乱数表を用いるのである。

【標本平均と母集団の平均①】

❸ ある町の中学生 3546 人を対象に行った数学のテストで，その中から 100 人の成績を無作為に抽出して平均点を調べました。母集団の平均に近い値にするには，どのようにすればよいですか。

（　　　　　　　）

❸
1 回平均を調べるだけでは，データのかたよりが考えられ，母集団のデータと異なるものになる可能性がある。

【標本平均と母集団の平均②】

❹ 3 年 A 組 40 人の身長を測定したものを母集団と考えて，そこから 5 個の標本を任意に抽出したところ，次の数値を得ました。

164.7　　150.2　　157.4　　168.9　　171.8　　(cm)

これから，母集団の平均を推定しなさい。

（　　　　　　　）

❹
(標本のデータの和)
÷(標本の大きさ)で，母集団の平均を推定する。

【標本調査の利用】

❺ あさがおの種が 1000 個あります。発芽率を調べるために 20 個を同じ場所に植えて発芽数を調べたら 17 個でした。1000 個の種を植えると，約何個発芽すると予想できますか。

（　　　　　　　）

❺
標本のデータから計算で出し，それが母集団のデータによるものと同じであると推定する。

8章

Step 3　予想テスト　8章 標本調査

20分　　／100点　目標 80点

❶ 次の調査は，全数調査と標本調査のどちらが適当であるか答えなさい。[考]　16点(各8点)

☐(1)　ある地域に生息するのら猫の数の調査

☐(2)　白桃の糖度がどれだけあるかの検査

❷ 次の◻︎にあてはまる用語を答えなさい。[考]　24点(各8点)

☐　ある集団を対象として調査をしようとする場合，調査対象となっている集団から一部を取り出して調査し，その結果からもとの集団全体のようすを推測する調査を　①　という。そのとき，調査対象全体の集団を　②　，②から取り出した集団の一部を　③　という。

❸ ある市の中学3年のサッカー部員の身長の平均値を調べるために，全員の中から10人を無作為に選んでその身長を調べたところ，下のような数値でした。

168　　164　　170　　161　　169　　174　　163　　159　　167　　165　　(cm)

☐　これから，ある市の中学3年のサッカー部員の身長の平均を推定しなさい。[考]　20点

❹ ある工場で，無作為に150個の製品を選んで調べたところ，不良品が2個ありました。この工場で1万個の製品を作ったら，何個の不良品が出ると考えられますか。[知]　20点

❺ 袋の中に，白と黒のご石が合計1000個入っています。この中から20個取り出して白のご石を数えることを，5回くり返した結果，白のご石は8個，7個，6個，8個，6個でした。☐　袋の中の白のご石の数は，およそ何個ですか。[知]　20点

❶	(1)		(2)	
❷	①	②		③
❸				
❹				
❺				

❶ ／16点　❷ ／24点　❸ ／20点　❹ ／20点　❺ ／20点

[解答 ▶ p.28]

テスト前 ☑ やることチェック表

① まずはテストの目標をたてよう。頑張ったら達成できそうなちょっと上のレベルを目指そう。
② 次にやることを書こう（「ズバリ英語〇ページ，数学〇ページ」など）。
③ やり終えたら□に✔を入れよう。
　最初に完ぺきな計画をたてる必要はなく，まずは数日分の計画をつくって，
　その後追加・修正していっても良いね。

目標

	日付	やること1	やること2
2週間前	／	□	□
	／	□	□
	／	□	□
	／	□	□
	／	□	□
	／	□	□
	／	□	□
1週間前	／	□	□
	／	□	□
	／	□	□
	／	□	□
	／	□	□
	／	□	□
	／	□	□
テスト期間	／	□	□
	／	□	□
	／	□	□
	／	□	□
	／	□	□

キリトリ線

QRコードのページに登録すると，「ぴたリンク」からも表をダウンロードできるよ

テスト前 ☑ やることチェック表

① まずはテストの目標をたてよう。頑張ったら達成できそうなちょっと上のレベルを目指そう。
② 次にやることを書こう（「ズバリ英語〇ページ，数学〇ページ」など）。
③ やり終えたら□に✓を入れよう。
　最初に完ぺきな計画をたてる必要はなく，まずは数日分の計画をつくって，
　その後追加・修正していっても良いね。

目標

	日付	やること 1	やること 2
2週間前	／	☐	☐
	／	☐	☐
	／	☐	☐
	／	☐	☐
	／	☐	☐
	／	☐	☐
	／	☐	☐
1週間前	／	☐	☐
	／	☐	☐
	／	☐	☐
	／	☐	☐
	／	☐	☐
	／	☐	☐
	／	☐	☐
テスト期間	／	☐	☐
	／	☐	☐
	／	☐	☐
	／	☐	☐
	／	☐	☐

数研出版版 数学 3 年 | 定期テスト ズバリよくでる | 解答集

1章 式の計算

1 多項式の計算

p.3-4 **Step 2**

❶ (1) $15x^2-30xy$ (2) $-2x^2+4xy-3x$

(3) $4xy-y$ (4) $6x-10y$

(5) $5a^2-7a$ (6) $16a^2-18a$

解き方 (1) $5x(3x-6y)$

$=5x\times 3x+5x\times(-6y)$

$=15x^2-30xy$

(2) $(2x-4y+3)\times(-x)$

$=2x\times(-x)-4y\times(-x)+3\times(-x)$

$=-2x^2+4xy-3x$

(3) $(4x^2y-xy)\div x$

$=(4x^2y-xy)\times\dfrac{1}{x}=\dfrac{4x^2y}{x}-\dfrac{xy}{x}$

$=4xy-y$

(4) $(9xy-15y^2)\div\dfrac{3}{2}y$

$=(9xy-15y^2)\times\dfrac{2}{3y}=\dfrac{9xy\times 2}{3y}-\dfrac{15y^2\times 2}{3y}$

$=6x-10y$

(5) $a(a+5)+4a(a-3)$

$=a\times a+a\times 5+4a\times a+4a\times(-3)$

$=a^2+5a+4a^2-12a$

$=5a^2-7a$

(6) $2a(2a-5)-4a(2-3a)$

$=2a\times 2a+2a\times(-5)-4a\times 2-4a\times(-3a)$

$=4a^2-10a-8a+12a^2$

$=16a^2-18a$

❷ (1) $xy+3x-8y-24$

(2) $ax+ay+bx+by$

(3) $6x^2+13x-5$

(4) $3x^2-20xy+12y^2$

(5) $3a^2-11ab+2a+10b^2-4b$

(6) $21x^2+13xy-20y^2-42x+30y$

解き方 (1) $(x-8)(y+3)$

$=x\times y+x\times 3-8\times y-8\times 3$

$=xy+3x-8y-24$

(2) $(a+b)(x+y)$

$=a\times x+a\times y+b\times x+b\times y$

$=ax+ay+bx+by$

(3) $(2x+5)(3x-1)$

$=2x\times 3x+2x\times(-1)+5\times 3x+5\times(-1)$

$=6x^2-2x+15x-5=6x^2+13x-5$

(4) $(3x-2y)(x-6y)$

$=3x\times x+3x\times(-6y)-2y\times x-2y\times(-6y)$

$=3x^2-18xy-2xy+12y^2$

$=3x^2-20xy+12y^2$

(5) $(a-2b)(3a-5b+2)=a\times 3a+a\times(-5b)$

$\qquad +a\times 2-2b\times 3a-2b\times(-5b)-2b\times 2$

$=3a^2-5ab+2a-6ab+10b^2-4b$

$=3a^2-11ab+2a+10b^2-4b$

(6) $(3x+4y-6)(7x-5y)=3x\times 7x+3x\times(-5y)$

$\qquad +4y\times 7x+4y\times(-5y)-6\times 7x-6\times(-5y)$

$=21x^2-15xy+28xy-20y^2-42x+30y$

$=21x^2+13xy-20y^2-42x+30y$

❸ (1) x^2+5x+4 (2) x^2+x-30

(3) a^2-5a+6 (4) $y^2-\dfrac{1}{2}y-\dfrac{3}{16}$

解き方 (1) $(x+1)(x+4)$

$=x^2+(1+4)x+1\times 4=x^2+5x+4$

(2) $(x+6)(x-5)$

$=x^2+\{6+(-5)\}x+6\times(-5)=x^2+x-30$

(3) $(a-3)(a-2)$

$=a^2+\{(-3)+(-2)\}a+(-3)\times(-2)$

$=a^2-5a+6$

(4) $\left(y-\dfrac{3}{4}\right)\left(y+\dfrac{1}{4}\right)$

$=y^2+\left\{\left(-\dfrac{3}{4}\right)+\dfrac{1}{4}\right\}y+\left(-\dfrac{3}{4}\right)\times\dfrac{1}{4}$

$=y^2-\dfrac{1}{2}y-\dfrac{3}{16}$

④ (1) x^2+4x+4 (2) $x^2-12x+36$

 (3) a^2+6a+9 (4) $x^2-\dfrac{3}{2}xy+\dfrac{9}{16}y^2$

解き方 (1) $(x+2)^2$

$=x^2+2\times2\times x+2^2$

$=x^2+4x+4$

(2) $(x-6)^2$

$=x^2-2\times6\times x+6^2$

$=x^2-12x+36$

(3) $(a+3)^2$

$=a^2+2\times3\times a+3^2$

$=a^2+6a+9$

(4) $\left(x-\dfrac{3}{4}y\right)^2$

$=x^2-2\times\dfrac{3}{4}y\times x+\left(\dfrac{3}{4}y\right)^2$

$=x^2-\dfrac{3}{2}xy+\dfrac{9}{16}y^2$

⑤ (1) x^2-4 (2) x^2-y^2

 (3) a^2-49 (4) $9-x^2$

 (5) $x^2-\dfrac{1}{4}$ (6) a^2-25

解き方 (1) $(x+2)(x-2)=x^2-2^2=x^2-4$

(2) $(x+y)(x-y)=x^2-y^2$

(3) $(a+7)(a-7)=a^2-7^2=a^2-49$

(4) $(3+x)(3-x)=3^2-x^2=9-x^2$

(5) $\left(x+\dfrac{1}{2}\right)\left(x-\dfrac{1}{2}\right)=x^2-\left(\dfrac{1}{2}\right)^2=x^2-\dfrac{1}{4}$

(6) $(-a+5)(-a-5)=(-a)^2-5^2=a^2-25$

⑥ (1) $4x^2+16x+15$ (2) $9a^2+12a-5$

 (3) $\dfrac{1}{9}x^2-\dfrac{2}{3}x-3$ (4) $\dfrac{1}{16}x^2-xy+4y^2$

 (5) $16x^2-9$ (6) $9a^2-16b^2$

解き方 (1) $(2x+5)(2x+3)$

$=(2x)^2+(5+3)\times2x+5\times3$

$=4x^2+16x+15$

(2) $(-3a+1)(-3a-5)$

$=(-3a)^2+\{1+(-5)\}\times(-3a)+1\times(-5)$

$=9a^2+12a-5$

(3) $\left(\dfrac{1}{3}x+1\right)\left(\dfrac{1}{3}x-3\right)$

$=\left(\dfrac{1}{3}x\right)^2+\{1+(-3)\}\times\left(\dfrac{1}{3}x\right)+1\times(-3)$

$=\dfrac{1}{9}x^2-\dfrac{2}{3}x-3$

(4) $\left(\dfrac{1}{4}x-2y\right)^2$

$=\left(\dfrac{1}{4}x\right)^2-2\times2y\times\dfrac{1}{4}x+(2y)^2$

$=\dfrac{1}{16}x^2-xy+4y^2$

(5) $(4x+3)(4x-3)$

$=(4x)^2-3^2=16x^2-9$

(6) $(3a+4b)(3a-4b)$

$=(3a)^2-(4b)^2=9a^2-16b^2$

⑦ (1) $x^2+2xy+y^2-16$

 (2) $x^2+4x+4-xy-2y-6y^2$

解き方 (1) $x+y=M$ とおくと

 $(x+y-4)(x+y+4)$

$=(M-4)(M+4)=M^2-16$

$=(x+y)^2-16=x^2+2xy+y^2-16$

注 M^2-16 で終わらせないように注意する。必ず M を $x+y$ にもどし，x，y で表すこと。

(2) $x+2=M$ とおくと

 $(x+2y+2)(x-3y+2)$

$=(x+2+2y)(x+2-3y)$

$=(M+2y)(M-3y)=M^2-yM-6y^2$

$=(x+2)^2-y(x+2)-6y^2$

$=x^2+4x+4-xy-2y-6y^2$

8 (1) $2x^2+9x+5$ (2) $-x+13$

解き方 (1) $(x+3)^2+(x-1)(x+4)$

$=(x^2+6x+9)+(x^2+3x-4)$

$=x^2+6x+9+x^2+3x-4$

$=2x^2+9x+5$

(2) $(x+2)(x-1)-(x-3)(x+5)$

$=(x^2+x-2)-(x^2+2x-15)$

$=x^2+x-2-x^2-2x+15$

$=-x+13$

---

2 因数分解

3 式の計算の利用

p.6-7 **Step 2**

❶ (1) $a(b+4c)$ (2) $3xy(3x+4)$

(3) $4x(x+2y-4)$ (4) $2ab(3a-4b+7)$

解き方 各項に共通な因数をくくり出す。

(1) 共通な因数は a なので，

$ab+4ac=a\times b+a\times 4c=a(b+4c)$

(2) 共通な因数は $3xy$ なので，

$9x^2y+12xy$

$=3xy\times 3x+3xy\times 4$

$=3xy(3x+4)$

(3) 共通な因数は $4x$ なので，

$4x^2+8xy-16x$

$=4x\times x+4x\times 2y+4x\times(-4)$

$=4x(x+2y-4)$

(4) 共通な因数は $2ab$ なので，

$6a^2b-8ab^2+14ab$

$=2ab\times 3a+2ab\times(-4b)+2ab\times 7$

$=2ab(3a-4b+7)$

---

❷ (1) $(x+3)(x+5)$ (2) $(a-4)(a-8)$

(3) $(x+4)(x-7)$ (4) $(y-8)(y+9)$

解き方 (1) 積が 15 である 2 つの数のうち，和が 8 となるのは，3 と 5 であるから，

$x^2+8x+15=(x+3)(x+5)$

(2) 積が 32 である 2 つの数のうち，和が -12 となるのは，-4 と -8 であるから，

$a^2-12a+32=(a-4)(a-8)$

(3) 積が -28 である 2 つの数のうち，和が -3 となるのは，4 と -7 であるから，

$x^2-3x-28=(x+4)(x-7)$

(4) 積が -72 である 2 つの数のうち，和が 1 となるのは，-8 と 9 であるから，

$y^2+y-72=(y-8)(y+9)$

---

❸ (1) $(x+7)^2$ (2) $(x+10)^2$

(3) $(a-8)^2$ (4) $\left(x-\dfrac{1}{3}\right)^2$

解き方 (1) $x^2+14x+49$

$=x^2+2\times 7\times x+7^2=(x+7)^2$

(2) $x^2+20x+100$

$=x^2+2\times 10\times x+10^2=(x+10)^2$

(3) $a^2-16a+64$

$=a^2-2\times 8\times a+8^2=(a-8)^2$

(4) $x^2-\dfrac{2}{3}x+\dfrac{1}{9}$

$=x^2-2\times\dfrac{1}{3}\times x+\left(\dfrac{1}{3}\right)^2=\left(x-\dfrac{1}{3}\right)^2$

---

❹ (1) $(x+2)(x-2)$ (2) $(x+4)(x-4)$

(3) $(y+5)(y-5)$ (4) $(x+7)(x-7)$

解き方 (1) $x^2-4=x^2-2^2=(x+2)(x-2)$

(2) $x^2-16=x^2-4^2=(x+4)(x-4)$

(3) $y^2-25=y^2-5^2=(y+5)(y-5)$

(4) $-49+x^2=x^2-49$

$=x^2-7^2=(x+7)(x-7)$

❺ (1) $2(4a+3)(4a-3)$

(2) $(2x-3)^2$

(3) $(x+y-3)(x+y+5)$

(4) $(m+2n+1)(m-2n+1)$

解き方 (1) 共通因数をくくり出してから，公式を使って因数分解する。

$32a^2-18=2(16a^2-9)$

$=2\{(4a)^2-3^2\}=2(4a+3)(4a-3)$

(2) $4x^2-12x+9$

$=(2x)^2-2\times3\times2x+3^2=(2x-3)^2$

(3) $x+y=M$ とおくと

$(x+y)^2+2(x+y)-15$

$=M^2+2M-15=(M-3)(M+5)$

$=(x+y-3)(x+y+5)$

(4) $m+1=M$, $2n=N$ とおくと

$(m+1)^2-4n^2=(m+1)^2-(2n)^2$

$=M^2-N^2=(M+N)(M-N)$

$=(m+1+2n)(m+1-2n)$

$=(m+2n+1)(m-2n+1)$

❻ (1) 1584　　　(2) 3000　　　(3) 10201

解き方 (1) $36\times44=(40-4)(40+4)$

$=40^2-4^2=1600-16=1584$

(2) $65^2-35^2=(65+35)(65-35)$

$=100\times30=3000$

(3) $101^2=(100+1)^2=100^2+2\times1\times100+1^2$

$=10000+200+1=10201$

❼ (1) -1　　　　　　　(2) 2500

解き方 (1) $(x+y)^2-(x-y)^2$

$=(x^2+2xy+y^2)-(x^2-2xy+y^2)$

$=x^2+2xy+y^2-x^2+2xy-y^2=4xy$

よって，求める式の値は，$4\times\left(-\dfrac{1}{3}\right)\times\dfrac{3}{4}=-1$

(2) $4x^2-24x+36=4(x^2-6x+9)=4(x-3)^2$

よって，求める式の値は，

$4\times(28-3)^2=4\times25^2=2500$

❽ 連続する3つの整数の真ん中の数を n とすると，3つの整数は $n-1$, n, $n+1$ と表される。このとき，真ん中の数を2乗して1をひいたものは，

$n^2-1=(n+1)(n-1)$

となるから，真ん中の数を2乗して1をひくと，残りの2数の積に等しくなる。

解き方 真ん中の数を n とすると，残りの2数は $n-1$ と $n+1$ のことである。

残りの2数の積を表すために，公式を使って因数分解する。

❾ (1) $2\pi a+2\pi b$　　　　(2) πab

解き方 (1) 直径が $2a$ の半円の円周は，

$\dfrac{1}{2}\times\pi\times2a=\pi a$

直径が $2b$ の半円の円周は，

$\dfrac{1}{2}\times\pi\times2b=\pi b$

直径が $2a+2b$ の半円の円周は，

$\dfrac{1}{2}\times\pi\times(2a+2b)=\pi a+\pi b$

よって，色のついた部分の周の長さは，

$\pi a+\pi b+(\pi a+\pi b)=2\pi a+2\pi b$

(2) 直径が $2a$ の半円の面積は，$\dfrac{1}{2}\pi a^2$

直径が $2b$ の半円の面積は，$\dfrac{1}{2}\pi b^2$

直径が $2a+2b$ の半円の面積は，$\dfrac{1}{2}\pi(a+b)^2$

よって，色のついた部分の面積は，

$\dfrac{1}{2}\pi(a+b)^2-\left(\dfrac{1}{2}\pi a^2+\dfrac{1}{2}\pi b^2\right)$

$=\dfrac{1}{2}\pi(a^2+2ab+b^2)-\dfrac{1}{2}\pi a^2-\dfrac{1}{2}\pi b^2$

$=\dfrac{1}{2}\pi a^2+\pi ab+\dfrac{1}{2}\pi b^2-\dfrac{1}{2}\pi a^2-\dfrac{1}{2}\pi b^2$

$=\pi ab$

p.8-9 **Step 3**

❶ (1) $8x^2-12x$　(2) $-21x^2+12xy$

　(3) $2y+4$　(4) $15a^2-6a+3$

❷ (1) $ab+3a+2b+6$

　(2) $-3x^2-2xy+18x+y^2-6y$

　(3) x^2+7x+6　(4) $x^2-xy-6y^2$

　(5) x^2-4x+4　(6) $x^2+2xy+y^2$

　(7) x^2-9　(8) $16x^2+4x+\dfrac{1}{4}$

　(9) $x^2+2xy+y^2+x+y-12$　(10) $-3x-31$

❸ (1) $6a(x+1)$　(2) $4ab(2a-b)$

　(3) $(x+3)(x+4)$　(4) $(a+4)(a-5)$

　(5) $(a-4)^2$　(6) $\left(x+\dfrac{1}{2}\right)^2$

　(7) $(a+8)(a-8)$　(8) $4(x+2)(x-5)$

　(9) $8(2y+1)(2y-1)$　(10) $(a+2)(a-2)$

❹ (1) 896　(2) 2601

❺ 100

❻ -1

❼ (1) $(a^2-4a+4)\,\mathrm{m}^2$　　(2) $(4a-4)\,\mathrm{m}^2$

解き方

❶ (2) $(7x-4y)\times(-3x)$

$=7x\times(-3x)-4y\times(-3x)=-21x^2+12xy$

(4) $(5a^3-2a^2+a)\div\dfrac{1}{3}a=(5a^3-2a^2+a)\times\dfrac{3}{a}$

$=\dfrac{15a^3}{a}-\dfrac{6a^2}{a}+\dfrac{3a}{a}=15a^2-6a+3$

❷ (2) $(-3x+y)(x+y-6)$

$=-3x^2-3xy+18x+xy+y^2-6y$

$=-3x^2-2xy+18x+y^2-6y$

(8) $\left(4x+\dfrac{1}{2}\right)^2$

$=(4x)^2+2\times\dfrac{1}{2}\times4x+\left(\dfrac{1}{2}\right)^2=16x^2+4x+\dfrac{1}{4}$

(9) $x+y=M$ とおくと

$(x+y+4)(x+y-3)=(M+4)(M-3)$

$=M^2+M-12=(x+y)^2+(x+y)-12$

$=x^2+2xy+y^2+x+y-12$

(10) $(x-6)(x+5)-(x+1)^2$

$=(x^2-x-30)-(x^2+2x+1)$

$=x^2-x-30-x^2-2x-1=-3x-31$

❸ (1) $6ax+6a=6a\times x+6a\times1=6a(x+1)$

(2) $8a^2b-4ab^2=4ab\times2a-4ab\times b=4ab(2a-b)$

(3) $x^2+7x+12$

$=x^2+(3+4)x+3\times4=(x+3)(x+4)$

(4) a^2-a-20

$=a^2+\{4+(-5)\}a+4\times(-5)=(a+4)(a-5)$

(5) $a^2-8a+16$

$=a^2-2\times4\times a+4^2=(a-4)^2$

(6) $x^2+x+\dfrac{1}{4}$

$=x^2+2\times\dfrac{1}{2}\times x+\left(\dfrac{1}{2}\right)^2=\left(x+\dfrac{1}{2}\right)^2$

(7) $a^2-64=a^2-8^2=(a+8)(a-8)$

(8) $4x^2-12x-40$

$=4(x^2-3x-10)=4(x+2)(x-5)$

(9) $32y^2-8=8(4y^2-1)=8(2y+1)(2y-1)$

(10) $a+3=M$ とおくと

$\quad(a+3)^2-6(a+3)+5=M^2-6M+5$

$=(M-1)(M-5)=(a+3-1)(a+3-5)$

$=(a+2)(a-2)$

❹ (1) $28\times32=(30-2)(30+2)$

$=30^2-2^2=900-4=896$

(2) $51^2=(50+1)^2=50^2+2\times1\times50+1^2$

$=2500+100+1=2601$

❺ 111 を x，101 を y とすると，

$\quad111\times111-2\times101\times111+101\times101$

$=x^2-2xy+y^2=(x-y)^2$

よって，$(111-101)^2=10^2=100$

❻ $a(a-2)-(a+4)^2=a^2-2a-(a^2+8a+16)$

$=a^2-2a-a^2-8a-16=-10a-16$

よって，求める式の値は，

$\quad-10\times(-1.5)-16=15-16=-1$

❼ (1) 正方形の土地の内側に $1\,\mathrm{m}$ の幅の道をつくって

できた畑は正方形の形をしており，その 1 辺は

$(a-2)\,\mathrm{m}$ となる。よって，畑の面積は，

$\quad(a-2)^2=a^2-4a+4\,(\mathrm{m}^2)$

(2) 道の面積は，正方形の土地の面積から畑の面積

をひけばよい。正方形の土地の面積は $a^2\,\mathrm{m}^2$ だか

ら，道の面積は，

$\quad a^2-(a^2-4a+4)=a^2-a^2+4a-4=4a-4\,(\mathrm{m}^2)$

2章 平方根

1 平方根

p.11-12　**Step 2**

❶ (1) ± 7　　　　　(2) $\pm\dfrac{5}{9}$

　(3) -8　　　　　(4) -0.3

解き方 正の数 a の平方根は，$\pm\sqrt{a}$ と表し，正の数と負の数の 2 つある。

(1) $\pm\sqrt{49}=\pm\sqrt{7^2}=\pm 7$

(2) $\pm\sqrt{\dfrac{25}{81}}=\pm\sqrt{\dfrac{5^2}{9^2}}=\pm\sqrt{\left(\dfrac{5}{9}\right)^2}=\pm\dfrac{5}{9}$

(3) $64=(\pm 8)^2$ で，64 の平方根は $+8$ と -8 の 2 つ。

(4) $0.09=(\pm 0.3)^2$ で，負の数を答える。

❷ (1) $\pm\sqrt{7}$　　　(2) $\pm\sqrt{13}$

解き方 正の数 a の平方根には，正の平方根と負の平方根がある。

・正の数 a の平方根→ $\pm\sqrt{a}$ の 2 つがある。

・0 の平方根→ 0 の 1 つのみ。

❸ (1) 11　　　(2) -9　　　(3) 3

　(4) 11　　　(5) 13　　　(6) -8

　(7) -0.8　　(8) -1　　　(9) $\dfrac{2}{5}$

解き方 (1) $\sqrt{121}=\sqrt{11^2}=11$

(2) $-\sqrt{81}=-\sqrt{9^2}=-9$

(3) $\sqrt{3}$ は 3 の平方根だから，2 乗すると 3

(4) $-\sqrt{11}$ は 11 の平方根の負の方の数だから，2 乗すると 11

(6) $-\sqrt{(-8)^2}=-\sqrt{64}=-\sqrt{8^2}=-8$

(7) $-\sqrt{0.64}=-\sqrt{0.8^2}=-0.8$

(8) $-\sqrt{1}=-\sqrt{1^2}=-1$

(9) $\sqrt{\dfrac{4}{25}}=\sqrt{\dfrac{2^2}{5^2}}=\sqrt{\left(\dfrac{2}{5}\right)^2}=\dfrac{2}{5}$

❹ (1) ± 10　　　　　(2) 4

　(3) 3　　　　　　(4) 6

解き方 正の数 a の平方根には，$+\sqrt{a}$ と $-\sqrt{a}$ の 2 つがある。

(1) $100=(\pm 10)^2$ である。100 の平方根には 10 と -10 の 2 つある。

(2) $\sqrt{a}$ は a の平方根のうち正の方の数を，$-\sqrt{a}$ は負の方の数を表す。

(3) $\sqrt{(-3)^2}=\sqrt{9}=\sqrt{3^2}=3$

(4) $(-\sqrt{6})^2=(\sqrt{6})^2=6$

❺ (1) $\sqrt{10}<\sqrt{13}$　　　(2) $6>\sqrt{35}$

　(3) $-9<-\sqrt{80}$　　　(4) $-3>-\sqrt{9.4}$

解き方 2 乗すると根号がはずれるので，大小の比較がしやすい。

(1) $(\sqrt{10})^2=10$，$(\sqrt{13})^2=13$ で，$10<13$ であるから，$\sqrt{10}<\sqrt{13}$

(2) $6^2=36$，$(\sqrt{35})^2=35$ で，$36>35$ であるから，$\sqrt{36}>\sqrt{35}$　よって，$6>\sqrt{35}$

(3) $(-9)^2=81$，$(-\sqrt{80})^2=80$ で，$81>80$ であるから，$\sqrt{81}>\sqrt{80}$　よって，$9>\sqrt{80}$

したがって，$-9<-\sqrt{80}$

(4) $(-3)^2=9$，$(-\sqrt{9.4})^2=9.4$ で，$9<9.4$ であるから，$\sqrt{9}<\sqrt{9.4}$　よって，$3<\sqrt{9.4}$

したがって，$-3>-\sqrt{9.4}$

❻ (1) $\dfrac{3}{8}$　　　　　(2) $\dfrac{201}{50}$

解き方 (1) $0.375=\dfrac{375}{1000}=\dfrac{3}{8}$

(2) $4.02=\dfrac{402}{100}=\dfrac{201}{50}$

❼ (1) ②　　　　　(2) ④

　(3) ①　　　　　(4) ③

解き方 (3) $0.8=\dfrac{4}{5}$ となり，分数の形に表される。

(4) $\sqrt{9}=3$

⑧ (1) $2.64^2 = 6.9696$, $2.65^2 = 7.0225$

(2) 4

(3)

解き方 (2)(1)より，$6.9696 < 7 < 7.0225$ から

$\sqrt{2.64^2} < \sqrt{7} < \sqrt{2.65^2}$

$2.64 < \sqrt{7} < 2.65$ だから，$\sqrt{7}$ の小数第 2 位は 4 となる。

② 根号をふくむ式の計算

p.14-15 **Step ②**

❶ (1) $3\sqrt{10}$　　　　(2) $\sqrt{5}$

解き方 (1) $\sqrt{2} \times 3\sqrt{5} = 3 \times \sqrt{2 \times 5} = 3\sqrt{10}$

(2) $\sqrt{35} \div \sqrt{7} = \dfrac{\sqrt{35}}{\sqrt{7}} = \sqrt{\dfrac{35}{7}} = \sqrt{5}$

❷ (1) $\sqrt{12}$　　　　(2) $\sqrt{\dfrac{1}{2}}$

解き方 (1) $2\sqrt{3} = \sqrt{2^2} \times \sqrt{3} = \sqrt{2^2 \times 3} = \sqrt{12}$

(2) $\dfrac{\sqrt{8}}{4} = \dfrac{\sqrt{8}}{\sqrt{4^2}} = \sqrt{\dfrac{8}{4^2}} = \sqrt{\dfrac{8}{16}} = \sqrt{\dfrac{1}{2}}$

❸ (1) $2\sqrt{5}$　　　(2) $10\sqrt{2}$　　　(3) $5\sqrt{2}$

(4) $\dfrac{\sqrt{11}}{7}$　　　(5) $\dfrac{\sqrt{3}}{10}$　　　(6) $\dfrac{\sqrt{2}}{100}$

解き方 (1) $\sqrt{20} = \sqrt{4 \times 5} = \sqrt{4} \times \sqrt{5} = 2\sqrt{5}$

(2) $\sqrt{200} = \sqrt{100 \times 2} = \sqrt{100} \times \sqrt{2} = 10\sqrt{2}$

(3) $\sqrt{50} = \sqrt{25 \times 2} = \sqrt{25} \times \sqrt{2} = 5\sqrt{2}$

(4) $\sqrt{\dfrac{11}{49}} = \dfrac{\sqrt{11}}{\sqrt{49}} = \dfrac{\sqrt{11}}{7}$

(5) $\sqrt{0.03} = \sqrt{\dfrac{3}{100}} = \dfrac{\sqrt{3}}{\sqrt{100}} = \dfrac{\sqrt{3}}{10}$

(6) $\sqrt{0.0002} = \sqrt{\dfrac{2}{10000}} = \dfrac{\sqrt{2}}{\sqrt{10000}} = \dfrac{\sqrt{2}}{100}$

❹ (1) $\dfrac{\sqrt{6}}{3}$　　(2) $\dfrac{3\sqrt{3}}{4}$　　(3) $\dfrac{\sqrt{6}}{3}$

解き方 (1) $\dfrac{2}{\sqrt{6}} = \dfrac{2 \times \sqrt{6}}{\sqrt{6} \times \sqrt{6}} = \dfrac{2\sqrt{6}}{6} = \dfrac{\sqrt{6}}{3}$

(2) $\dfrac{9}{4\sqrt{3}} = \dfrac{9 \times \sqrt{3}}{4\sqrt{3} \times \sqrt{3}} = \dfrac{9\sqrt{3}}{12} = \dfrac{3\sqrt{3}}{4}$

(3) $\dfrac{2\sqrt{3}}{\sqrt{18}} = \dfrac{2\sqrt{3}}{3\sqrt{2}} = \dfrac{2\sqrt{3} \times \sqrt{2}}{3\sqrt{2} \times \sqrt{2}} = \dfrac{2\sqrt{3} \times \sqrt{2}}{3 \times 2}$

$= \dfrac{2\sqrt{6}}{6} = \dfrac{\sqrt{6}}{3}$

❺ (1) $6\sqrt{10}$　　　　　(2) 36

(3) $6\sqrt{6}$　　　　　(4) $8\sqrt{15}$

(5) $\dfrac{3\sqrt{2}}{2}$　　　　　(6) $\dfrac{\sqrt{21}}{3}$

解き方 (1) $\sqrt{18} \times \sqrt{20}$

$= \sqrt{9 \times 2} \times \sqrt{4 \times 5}$

$= 3\sqrt{2} \times 2\sqrt{5}$

$= 3 \times 2 \times \sqrt{2} \times \sqrt{5} = 6\sqrt{10}$

(2) $\sqrt{24} \times \sqrt{54}$

$= \sqrt{4 \times 6} \times \sqrt{9 \times 6}$

$= 2\sqrt{6} \times 3\sqrt{6}$

$= 2 \times 3 \times \sqrt{6} \times \sqrt{6}$

$= 6 \times 6 = 36$

(3) $3\sqrt{2} \times 2\sqrt{3}$

$= 3 \times 2 \times \sqrt{2} \times \sqrt{3} = 6\sqrt{6}$

(4) $4\sqrt{5} \times 2\sqrt{3}$

$= 4 \times 2 \times \sqrt{5} \times \sqrt{3} = 8\sqrt{15}$

(5) $\sqrt{27} \div \sqrt{6} = \dfrac{\sqrt{27}}{\sqrt{6}} = \sqrt{\dfrac{27}{6}} = \sqrt{\dfrac{9}{2}}$

$= \dfrac{\sqrt{9}}{\sqrt{2}} = \dfrac{3 \times \sqrt{2}}{\sqrt{2} \times \sqrt{2}} = \dfrac{3\sqrt{2}}{2}$

(6) $\sqrt{63} \div \sqrt{27} = \dfrac{\sqrt{63}}{\sqrt{27}} = \sqrt{\dfrac{63}{27}} = \sqrt{\dfrac{7}{3}}$

$= \dfrac{\sqrt{7}}{\sqrt{3}} = \dfrac{\sqrt{7} \times \sqrt{3}}{\sqrt{3} \times \sqrt{3}} = \dfrac{\sqrt{21}}{3}$

❻ (1) $14\sqrt{2}$　　　　　　(2) $3\sqrt{6}$

　　(3) $5\sqrt{2}+4\sqrt{5}$　　　(4) $4\sqrt{3}$

　　(5) $\dfrac{13\sqrt{5}}{5}$　　　　　　(6) $2\sqrt{3}$

解き方 (1) $3\sqrt{8}+2\sqrt{32}$

$=3\sqrt{4\times2}+2\sqrt{16\times2}$

$=3\times2\sqrt{2}+2\times4\sqrt{2}$

$=6\sqrt{2}+8\sqrt{2}=14\sqrt{2}$

(2) $2\sqrt{6}-3\sqrt{6}+4\sqrt{6}$

$=(2-3+4)\sqrt{6}=3\sqrt{6}$

(3) $\sqrt{50}+2\sqrt{45}-\sqrt{20}$

$=\sqrt{25\times2}+2\sqrt{9\times5}-\sqrt{4\times5}$

$=5\sqrt{2}+2\times3\sqrt{5}-2\sqrt{5}$

$=5\sqrt{2}+6\sqrt{5}-2\sqrt{5}$

$=5\sqrt{2}+4\sqrt{5}$

(4) $3\sqrt{12}-4\sqrt{27}+2\sqrt{75}$

$=3\sqrt{4\times3}-4\sqrt{9\times3}+2\sqrt{25\times3}$

$=3\times2\sqrt{3}-4\times3\sqrt{3}+2\times5\sqrt{3}$

$=6\sqrt{3}-12\sqrt{3}+10\sqrt{3}$

$=4\sqrt{3}$

(5) $\sqrt{20}+\dfrac{3}{\sqrt{5}}$

$=\sqrt{4\times5}+\dfrac{3\times\sqrt{5}}{\sqrt{5}\times\sqrt{5}}=2\sqrt{5}+\dfrac{3\sqrt{5}}{5}$

$=\dfrac{10\sqrt{5}}{5}+\dfrac{3\sqrt{5}}{5}=\dfrac{13\sqrt{5}}{5}$

(6) $\sqrt{27}-\dfrac{1}{\sqrt{3}}-\dfrac{4}{\sqrt{12}}=\sqrt{27}-\dfrac{1}{\sqrt{3}}-\dfrac{4}{2\sqrt{3}}$

$=\sqrt{9\times3}-\dfrac{\sqrt{3}}{\sqrt{3}\times\sqrt{3}}-\dfrac{4\times\sqrt{3}}{2\sqrt{3}\times\sqrt{3}}$

$=3\sqrt{3}-\dfrac{\sqrt{3}}{3}-\dfrac{4\sqrt{3}}{6}=\dfrac{9\sqrt{3}}{3}-\dfrac{\sqrt{3}}{3}-\dfrac{2\sqrt{3}}{3}$

$=\dfrac{6\sqrt{3}}{3}=2\sqrt{3}$

❼ (1) $15+\sqrt{10}$

　　(2) $\sqrt{15}+\sqrt{10}-2\sqrt{3}-2\sqrt{2}$

　　(3) $-8-2\sqrt{7}$　　　(4) $6-2\sqrt{5}$

　　(5) 2　　　　　　　(6) $-7-4\sqrt{3}$

解き方 (1) $\sqrt{5}(3\sqrt{5}+\sqrt{2})$

$=\sqrt{5}\times3\sqrt{5}+\sqrt{5}\times\sqrt{2}$

$=3\times5+\sqrt{10}=15+\sqrt{10}$

(2) $(\sqrt{5}-2)(\sqrt{3}+\sqrt{2})$

$=\sqrt{5}\times\sqrt{3}+\sqrt{5}\times\sqrt{2}-2\times\sqrt{3}-2\times\sqrt{2}$

$=\sqrt{15}+\sqrt{10}-2\sqrt{3}-2\sqrt{2}$

(3) $(\sqrt{7}+3)(\sqrt{7}-5)$

$=(\sqrt{7})^2+\{3+(-5)\}\sqrt{7}+3\times(-5)$

$=7-2\sqrt{7}-15$

$=-8-2\sqrt{7}$

(4) $(1-\sqrt{5})^2$

$=1^2-2\times\sqrt{5}\times1+(\sqrt{5})^2$

$=1-2\sqrt{5}+5$

$=6-2\sqrt{5}$

(5) $(\sqrt{6}+2)(\sqrt{6}-2)$

$=(\sqrt{6})^2-2^2=6-4=2$

(6) $(\sqrt{3}-2)^2-(4-\sqrt{2})(4+\sqrt{2})$

$=(\sqrt{3})^2-2\times2\times\sqrt{3}+2^2-\{4^2-(\sqrt{2})^2\}$

$=3-4\sqrt{3}+4-(16-2)$

$=3-4\sqrt{3}+4-14=-7-4\sqrt{3}$

❽ (1) 14.1　　　(2) 44.7　　　(3) 0.141

解き方 (1) $\sqrt{200}=\sqrt{2\times10^2}=\sqrt{2}\times10$

だから，$1.41\times10=14.1$

(2) $\sqrt{2000}=\sqrt{20\times10^2}=\sqrt{20}\times10$

だから，$4.47\times10=44.7$

(3) $\sqrt{0.02}=\sqrt{\dfrac{2}{100}}=\dfrac{\sqrt{2}}{10}$

だから，$1.41\div10=0.141$

❾ $51.35\leqq a<51.45$

解き方 51.4 m は小数第 2 位を四捨五入して得られた近似値である。

❿ (1) 2.30×10^3 g　　　　(2) 3.500×10^4 m

解き方 有効数字が 3 けたの場合，整数の部分が 1 けたの数は○.○○と表される。4 けたの場合，整数の部分が 1 けたの数は○.○○○と表される。

p.16-17 **Step 3**

❶ (1) ± 6　(2) $\pm\sqrt{0.9}$　(3) $\pm\sqrt{\dfrac{2}{3}}$

　(4) 13　(5) -12　(6) 13

❷ (1) $2<\sqrt{5}$　(2) $\sqrt{\dfrac{1}{3}}>\dfrac{1}{3}$　(3) $-1.6>-\sqrt{3}$

❸ (1) $\sqrt{18}$　(2) $\sqrt{\dfrac{11}{3}}$　(3) $\sqrt{\dfrac{8}{3}}$

　(4) $4\sqrt{3}$　(5) $5\sqrt{3}$　(6) $\dfrac{2\sqrt{3}}{7}$

❹ (1) $\dfrac{2\sqrt{5}}{5}$　(2) $\dfrac{2\sqrt{6}}{3}$　(3) $\dfrac{\sqrt{3}}{3}$

❺ (1) $-2\sqrt{3}$　(2) $9\sqrt{5}$

　(3) $\sqrt{2}+3\sqrt{3}$　(4) 0

　(5) $3\sqrt{3}$　(6) $8-2\sqrt{15}$

　(7) -4　(8) $4\sqrt{6}$

❻ (1) $4\sqrt{10}$　(2) 2

❼ (1) $13\,\mathrm{g}$　(2) $8.65\leqq a<8.75$

❽ (1) $10\,\mathrm{m}$ の位　(2) $1\,\mathrm{m}$ の位

解き方

❶ (1)〜(3) 整数 a の平方根は $\pm\sqrt{a}$ である。

　(5) $-\sqrt{144}=-\sqrt{12^2}=-12$

　(6) $(-\sqrt{13})^2=(\sqrt{13})^2=13$

❷ a, b が正の数のとき, $a<b$ ならば $\sqrt{a}<\sqrt{b}$

　(1) $2^2=4$, $(\sqrt{5})^2=5$ で, $4<5$ であるから,

　$\sqrt{4}<\sqrt{5}$　よって, $2<\sqrt{5}$

　(2) $\left(\sqrt{\dfrac{1}{3}}\right)^2=\dfrac{1}{3}$, $\left(\dfrac{1}{3}\right)^2=\dfrac{1}{9}$ で, $\dfrac{1}{3}>\dfrac{1}{9}$ である

　から, $\sqrt{\dfrac{1}{3}}>\sqrt{\dfrac{1}{9}}$　よって, $\sqrt{\dfrac{1}{3}}>\dfrac{1}{3}$

　(3) $(1.6)^2=2.56$, $(\sqrt{3})^2=3$ で, $2.56<3$ であるか

　ら, $\sqrt{2.56}<\sqrt{3}$　よって, $1.6<\sqrt{3}$

　したがって, $-1.6>-\sqrt{3}$

❸ (1) $3\sqrt{2}=\sqrt{3^2}\times\sqrt{2}=\sqrt{3^2\times2}=\sqrt{18}$

　(2) $\dfrac{\sqrt{33}}{3}=\dfrac{\sqrt{33}}{\sqrt{3^2}}=\sqrt{\dfrac{33}{3^2}}=\sqrt{\dfrac{33}{9}}=\sqrt{\dfrac{11}{3}}$

　(3) $\dfrac{2}{3}\sqrt{6}=\sqrt{\left(\dfrac{2}{3}\right)^2}\times\sqrt{6}=\sqrt{\dfrac{4}{9}\times6}=\sqrt{\dfrac{8}{3}}$

　(4) $\sqrt{48}=\sqrt{16\times3}=\sqrt{16}\times\sqrt{3}=4\sqrt{3}$

　(5) $\sqrt{75}=\sqrt{25\times3}=\sqrt{25}\times\sqrt{3}=5\sqrt{3}$

　(6) $\sqrt{\dfrac{12}{49}}=\dfrac{\sqrt{12}}{\sqrt{49}}=\dfrac{\sqrt{4\times3}}{7}=\dfrac{2\sqrt{3}}{7}$

❹ (1) $\dfrac{2}{\sqrt{5}}=\dfrac{2\times\sqrt{5}}{\sqrt{5}\times\sqrt{5}}=\dfrac{2\sqrt{5}}{5}$

　(2) $\dfrac{4}{\sqrt{6}}=\dfrac{4\times\sqrt{6}}{\sqrt{6}\times\sqrt{6}}=\dfrac{4\sqrt{6}}{6}=\dfrac{2\sqrt{6}}{3}$

　(3) $\dfrac{\sqrt{6}}{\sqrt{18}}=\dfrac{\sqrt{6}}{3\sqrt{2}}=\dfrac{\sqrt{6}\times\sqrt{2}}{3\sqrt{2}\times\sqrt{2}}=\dfrac{\sqrt{12}}{6}=\dfrac{2\sqrt{3}}{6}$

　$=\dfrac{\sqrt{3}}{3}$

❺ (1) $\sqrt{72}\div(-\sqrt{6})=6\sqrt{2}\div(-\sqrt{6})$

　$=-\dfrac{6\sqrt{2}}{\sqrt{6}}=-\dfrac{6\sqrt{2}\times\sqrt{6}}{\sqrt{6}\times\sqrt{6}}=-\sqrt{12}=-2\sqrt{3}$

　(2) $\sqrt{27}\times\sqrt{15}=3\sqrt{3}\times\sqrt{15}=3\sqrt{45}=9\sqrt{5}$

　(3) $\sqrt{50}+\sqrt{27}-\sqrt{32}=5\sqrt{2}+3\sqrt{3}-4\sqrt{2}$

　$=\sqrt{2}+3\sqrt{3}$

　(4) $\sqrt{200}-\sqrt{98}-\sqrt{18}$

　$=10\sqrt{2}-7\sqrt{2}-3\sqrt{2}=0$

　(5) $\dfrac{6}{\sqrt{3}}+\sqrt{3}=\dfrac{6\times\sqrt{3}}{\sqrt{3}\times\sqrt{3}}+\sqrt{3}$

　$=2\sqrt{3}+\sqrt{3}=3\sqrt{3}$

　(6) $(\sqrt{3}-\sqrt{5})^2=(\sqrt{3})^2-2\times\sqrt{5}\times\sqrt{3}+(\sqrt{5})^2$

　$=3-2\sqrt{15}+5=8-2\sqrt{15}$

　(7) $(\sqrt{3}-\sqrt{7})(\sqrt{3}+\sqrt{7})$

　$=(\sqrt{3})^2-(\sqrt{7})^2=3-7=-4$

　(8) $(\sqrt{3}+\sqrt{2})^2-(\sqrt{3}-\sqrt{2})^2$

　$=(3+2\sqrt{6}+2)-(3-2\sqrt{6}+2)$

　$=5+2\sqrt{6}-5+2\sqrt{6}=4\sqrt{6}$

❻ (1) $x^2-y^2=(x+y)(x-y)$

　$=(\sqrt{5}+\sqrt{2}+\sqrt{5}-\sqrt{2})\{\sqrt{5}+\sqrt{2}-(\sqrt{5}-\sqrt{2})\}$

　$=2\sqrt{5}\times2\sqrt{2}=4\sqrt{10}$

　(2) $x^2+2x+1=(x+1)^2$

　$=(\sqrt{2}-1+1)^2=(\sqrt{2})^2=2$

❼ (1)（誤差）＝（近似値）−（真の値）で求められるから,

　$400-387=13\,(\mathrm{g})$

　(2) この近似値は, 四捨五入によって得られたもの

　なので, 小数第 2 位を四捨五入して 8.7（秒）にな

　る範囲を, 不等号を使って表す。

❽ 整数の部分が 1 けたの数に注目すると, その値の

　有効数字が分かる。

　　(1)…有効数字は, 4, 5 の 2 けた

　　(2)…有効数字は, 4, 5, 0 の 3 けた

　すると, (1)は 4500 の左から 3 けた目, (2)は左から

　4 けた目まで測定した値であると分かる。

3章 2次方程式

□1 2次方程式　　□2 2次方程式の利用

p.19-21　**Step 2**

❶ ⑦, ⑨

解き方 左辺に x^2 の項, x の項, 定数項を集め, 右辺が0になるように整理する。

⑦ $-3x+1=0$ 　　⑦ $x^2-5x+6=0$

⑨ $x^2-x-60=0$ 　　⑨ $-2x-35=0$

より, ⑦と⑨は（2次式）$=0$ の形にならないので, 2次方程式ではない。1次の項と定数項しかないので, 1次方程式である。

❷

x	1	2	3	4	5	6	7	8
$x^2-8x+15$	8	3	0	-1	0	3	8	15

解き方 $x^2-8x+15$ に x の値 1〜8 を代入する。

$x=3$ と $x=5$ のとき0になるので, 2次方程式 $x^2-8x+15=0$ の解である。

❸ (1) $x=0$, 7 　　　　(2) $x=3$, 2

(3) $x=-5$, 9 　　　　(4) $x=-\dfrac{1}{3}$, 4

(5) $x=-5$ 　　　　(6) $x=0$, $\dfrac{1}{2}$

解き方 (1) $x(x-7)=0$ より,

　$x=0$ 　または　 $x-7=0$

よって, $x=0$, 7

(2) $(x-3)(x-2)=0$ より,

　$x-3=0$ 　または　 $x-2=0$

よって, $x=3$, 2

(4) $(3x+1)(x-4)=0$ より,

　$3x+1=0$ 　または　 $x-4=0$

よって, $x=-\dfrac{1}{3}$, 4

(5) $x+5=0$ 　よって, $x=-5$

(6) $x(2x-1)=0$ より,

　$x=0$ 　または　 $2x-1=0$

よって, $x=0$, $\dfrac{1}{2}$

注 2次方程式はふつう解を2つもつが, (5)のように, 解を1つしかもたないものもある。

❹ (1) $x=0$, 3 　　　　(2) $x=-1$, -3

(3) $x=-2$, -5 　　　(4) $x=-2$, 1

(5) $x=-4$, 12 　　　(6) $y=-7$, 10

(7) $a=3$, 4 　　　　(8) $x=-4$

(9) $x=3$ 　　　　　(10) $x=-3$, 3

解き方 (1) $x^2-3x=0$

　$x(x-3)=0$

　$x=0$ 　または　 $x-3=0$

よって, $x=0$, 3

(2) $x^2+4x+3=0$

　$(x+1)(x+3)=0$

　$x+1=0$ 　または　 $x+3=0$

よって, $x=-1$, -3

(3) $x^2+7x+10=0$

　$(x+2)(x+5)=0$

　$x+2=0$ 　または　 $x+5=0$

よって, $x=-2$, -5

(4) $x^2+x-2=0$

　$(x+2)(x-1)=0$

　$x+2=0$ 　または　 $x-1=0$

よって, $x=-2$, 1

(5) $x^2-8x-48=0$

　$(x+4)(x-12)=0$

　$x+4=0$ 　または　 $x-12=0$

よって, $x=-4$, 12

(6) $y^2-3y-70=0$

　$(y+7)(y-10)=0$

　$y+7=0$ 　または　 $y-10=0$

よって, $y=-7$, 10

(7) $a^2-7a+12=0$

　$(a-3)(a-4)=0$

　$a-3=0$ 　または　 $a-4=0$

よって, $a=3$, 4

(8) $x^2+8x+16=0$ 　　$(x+4)^2=0$

　$x+4=0$ 　よって, $x=-4$

(9) $x^2-6x+9=0$ 　　$(x-3)^2=0$

　$x-3=0$ 　よって, $x=3$

(10) $x^2-9=0$

　$(x+3)(x-3)=0$

　$x+3=0$ 　または　 $x-3=0$

よって, $x=-3$, 3

❺ (1) $x = \pm 4$　　　　(2) $x = \pm 2\sqrt{3}$

　(3) $x = \pm\sqrt{7}$　　　(4) $x = \pm\dfrac{3}{5}$

　(5) $x = 11,\ 3$　　　　(6) $x = -5 \pm \sqrt{10}$

解き方 (1) $x^2 = 16$

$$x = \pm\sqrt{16}$$
$$x = \pm 4$$

(2) $x^2 = 12$

$$x = \pm\sqrt{12}$$
$$x = \pm 2\sqrt{3}$$

(3) $3x^2 - 21 = 0$

$$x^2 = 7$$
$$x = \pm\sqrt{7}$$

(4) $25x^2 - 9 = 0$

$$25x^2 = 9$$
$$x^2 = \frac{9}{25}$$
$$x = \pm\sqrt{\frac{9}{25}}$$
$$x = \pm\frac{3}{5}$$

(5) $(x-7)^2 = 16$

$$x - 7 = \pm 4$$
$$x = 7 \pm 4 \quad \text{よって,}\ x = 11,\ 3$$

(6) $(x+5)^2 = 10$

$$x + 5 = \pm\sqrt{10}$$
$$x = -5 \pm 10$$

❻ (1) $x = 1 \pm \sqrt{7}$　　　(2) $x = -2 \pm 2\sqrt{2}$

　(3) $x = 8,\ -2$　　　　(4) $x = -3,\ -7$

解き方 (1) $x^2 - 2x - 6 = 0$

$$x^2 - 2x = 6$$
$$x^2 - 2x + 1^2 = 6 + 1^2$$
$$(x-1)^2 = 7$$
$$x - 1 = \pm\sqrt{7}$$
$$x = 1 \pm\sqrt{7}$$

(2) $x^2 + 4x - 4 = 0$

$$x^2 + 4x = 4$$
$$x^2 + 4x + 2^2 = 4 + 2^2$$
$$(x+2)^2 = 8$$
$$x + 2 = \pm\sqrt{8}$$
$$x = -2 \pm 2\sqrt{2}$$

(3) $x^2 - 6x - 16 = 0$

$$x^2 - 6x = 16$$
$$x^2 - 6x + 3^2 = 16 + 3^2$$
$$(x-3)^2 = 25$$
$$x - 3 = \pm 5$$
$$x = 3 \pm 5$$

よって, $x = 8,\ -2$

(4) $x^2 + 10x + 21 = 0$

$$x^2 + 10x = -21$$
$$x^2 + 10x + 5^2 = -21 + 5^2$$
$$(x+5)^2 = 4$$
$$x + 5 = \pm 2$$
$$x = -5 \pm 2$$

よって, $x = -3,\ -7$

❼ (1) ① $\dfrac{b}{2a}$　　　　② $b^2 - 4ac$

　　③ $\sqrt{b^2 - 4ac}$

　(2) ① $x = \dfrac{5 \pm \sqrt{37}}{6}$　　② $x = \dfrac{1 \pm \sqrt{3}}{2}$

解き方 (1) ① $\dfrac{b}{a}$ の半分は $\dfrac{b}{2a}$ である。

(2) ① $a = 3,\ b = -5,\ c = -1$ を代入すると,

$$x = \frac{-(-5) \pm \sqrt{(-5)^2 - 4 \times 3 \times (-1)}}{2 \times 3}$$
$$= \frac{5 \pm \sqrt{25 + 12}}{6} = \frac{5 \pm \sqrt{37}}{6}$$

② $a = 2,\ b = -2,\ c = -1$ を代入すると,

$$x = \frac{-(-2) \pm \sqrt{(-2)^2 - 4 \times 2 \times (-1)}}{2 \times 2}$$
$$= \frac{2 \pm \sqrt{4 + 8}}{4} = \frac{2 \pm \sqrt{12}}{4} = \frac{2 \pm 2\sqrt{3}}{4}$$
$$= \frac{1 \pm \sqrt{3}}{2}$$

❽ (1) $x=-1$　　　　　　(2) $x=\pm\sqrt{15}$

解き方 (1) $2x^2-(x-1)^2=-2$

$2x^2-x^2+2x-1+2=0$

$x^2+2x+1=0$

$(x+1)^2=0$

$x=-1$

(2) $2x(x+4)=(x+3)(x+5)$

$2x^2+8x=x^2+8x+15$

$x^2=15$

$x=\pm\sqrt{15}$

❾ (1) $a=-2$, $x=1$

(2) $a=-1$, $x=2+\sqrt{3}$

解き方 (1) $x^2+2ax-a+1=0$ の解の 1 つが 3 であるから，$x^2+2ax-a+1=0$ に $x=3$ を代入すると，

$3^2+2a\times3-a+1=0$

$9+6a-a+1=0$

$5a=-10$

$a=-2$

よって，$x^2+2\times(-2)\times x-(-2)+1=0$

$x^2-4x+3=0$

$(x-1)(x-3)=0$

$x=1,\ 3$

よって，もう 1 つの解は，$x=1$

(2) $x^2-4x-a=0$ の解の 1 つが $2-\sqrt{3}$ であるから，$x^2-4x-a=0$ に $x=2-\sqrt{3}$ を代入すると，

$(2-\sqrt{3})^2-4(2-\sqrt{3})-a=0$

$4-4\sqrt{3}+3-8+4\sqrt{3}-a=0$

$a=-1$

よって，$x^2-4x+1=0$

$x^2-4x=-1$

$x^2-4x+2^2=-1+2^2$

$(x-2)^2=3$

$x-2=\pm\sqrt{3}$

$x=2\pm\sqrt{3}$

よって，もう 1 つの解は $x=2+\sqrt{3}$

❿ 12，14

解き方 連続する 2 つの正の偶数を $2x$，$2x+2$ とすると，　　$2x\times(2x+2)=168$

$4x^2+4x=168$

$4x^2+4x-168=0$

$x^2+x-42=0$

$(x-6)(x+7)=0$

$x=6,\ -7$

$x=-7$ のとき，-14，-12 となり，これは問題に適さない。$x=6$ のとき，12，14 となり，これは問題に適している。

よって，連続する 2 つの正の偶数は 12，14

⓫ 1 m

解き方 中央の道を右端に移動して考える。

道幅を x m とすると，X と Y を合わせた長方形は，縦が $(16-x)$ m，横が $(24-x)$ m，面積が $345\ \mathrm{m}^2$ だから，　　$(16-x)(24-x)=345$

$384-16x-24x+x^2=345$

$x^2-40x+39=0$

$(x-1)(x-39)=0$

$x=1,\ 39$

長方形の縦は 16 m なので，$0<x<16$

$x=39$ は問題に適さない。

$x=1$ は問題に適している。

⓬ 32 cm

解き方 厚紙の 1 辺の長さを x cm とすると，

$(x-6\times2)\times(x-6\times2)\times6=2400$

$(x-12)^2=400$

$x-12=\pm20$

$x=12\pm20$

$x=32,\ -8$

x は 1 辺の長さであるから，$x>12$

$x=32$ は問題に適している。

$x=-8$ は問題に適さない。

p.22-23 **Step 3**

❶ ①，②

❷ (1) $x=\pm\sqrt{6}$　(2) $x=\pm\sqrt{7}$

　(3) $x=4\pm\sqrt{5}$　(4) $x=-3\pm2\sqrt{2}$

❸ (1) $x=\pm\dfrac{\sqrt{5}}{2}$　(2) $x=4$

　(3) $x=1,\ -3$　(4) $x=\dfrac{3}{2},\ -2$

❹ (1) $a=2$　(2) $x=-2$

❺ (1) $8x=(x-2)(x-1)-2$　(2) 11

❻ (1) $x\times8+(6-x)\times x=6\times8\times\dfrac{1}{2}$　(2) 2 m

❼ $(6+\sqrt{6}\,)$ 秒後，$(6-\sqrt{6}\,)$ 秒後

解き方

❶ ① $x^2-10x=0$ で 2 次方程式。

　② $x^2-6x-7=0$ で 2 次方程式。

　③ $x^2+8x=(x+2)^2$　　$x^2+8x=x^2+4x+4$

　よって，$4x-4=0$ で 1 次方程式。

❷ (1) $x^2-6=0$　　$x^2=6$　　$x=\pm\sqrt{6}$

　(2) $4x^2=28$　　$x^2=7$　　$x=\pm\sqrt{7}$

　(3) $(x-4)^2=5$　　$x-4=\pm\sqrt{5}$

　　　$x=4\pm\sqrt{5}$

　(4) $(x+3)^2-8=0$　　$(x+3)^2=8$

　　　$x+3=\pm\sqrt{8}$　　$x=-3\pm2\sqrt{2}$

❸ (1) $8-4x^2=3$　　$4x^2=5$

　　　$x^2=\dfrac{5}{4}$　　$x=\pm\dfrac{\sqrt{5}}{2}$

　(2) $8x=x^2+16$　　$x^2-8x+16=0$

　　　$(x-4)^2=0$　　$x=4$

　(3) $3(x+1)^2-12=0$

　　　$3(x+1)^2=12$　　$(x+1)^2=4$

　　　$x+1=\pm2$　　$x=-1\pm2$

　よって，$x=1,\ -3$

　(4) $2x^2+x-6=0$ を解の公式を使って解くと，

　　　$a=2,\ b=1,\ c=-6$ だから，

　　　$x=\dfrac{-1\pm\sqrt{1^2-4\times2\times(-6)}}{2\times2}$

　　　$=\dfrac{-1\pm\sqrt{1+48}}{4}=\dfrac{-1\pm\sqrt{49}}{4}=\dfrac{-1\pm7}{4}$

　よって，$x=\dfrac{3}{2},\ -2$

❹ (1) $x=6$ を代入すると，$6^2-2a\times6-6a=0$

　　　$36-18a=0$　　$a=2$

　(2) $a=2$ を代入すると，$x^2-4x-12=0$

　　　$(x+2)(x-6)=0$

　　　$x=-2,\ 6$

　よって，もう 1 つの解は，$x=-2$

❺ (1) もっとも大きい数を x とすると，

　3 つの連続した正の整数は，

　$x-2,\ x-1,\ x$ と表される。

　他の 2 つの数の積は $(x-2)(x-1)$ であるから，

　　　$8x=(x-2)(x-1)-2$

　(2) $8x=x^2-3x+2-2$

　　　$x^2-11x=0$　　$x(x-11)=0$

　よって，$x=0,\ 11$

　x は正の整数であるから，$x=11$

❻ (1) 道路の面積は，$\{x\times8+(6-x)\times x\}$ m²

　この面積がもとの土地の面積の半分になったこと
　から，

　　　$x\times8+(6-x)\times x=6\times8\times\dfrac{1}{2}$

　(2) $8x+6x-x^2=24$　　$x^2-14x+24=0$

　　　$(x-2)(x-12)=0$ より，

　　　$x-2=0$　または　$x-12=0$

　よって，$x=2,\ 12$

　x は道路の幅だから，$0<x<6$

　$x=2$ は問題に適している。

　$x=12$ は問題に適さない。

　よって，2 m

❼ 点 P が点 A を出発してから x 秒後における線分
　PB の長さは $(12-x)$ cm

　線分 BQ の長さは x cm

　よって $\dfrac{1}{2}\times x\times(12-x)=15$

　　　　$x\times(12-x)=30$

　　　　$x^2-12x+30=0$

　これを解くと，

　　　$x=\dfrac{12\pm\sqrt{144-120}}{2}$

　　　$=\dfrac{12\pm\sqrt{24}}{2}=\dfrac{12\pm2\sqrt{6}}{2}=6\pm\sqrt{6}$

　$0<x<12$ だから，これらは，ともに問題に適して
　いる。よって，$(6+\sqrt{6}\,)$ 秒後と $(6-\sqrt{6}\,)$ 秒後

4章 関数 $y=ax^2$

[1] 関数 $y=ax^2$

p.25-26 Step 2

❶ (1) $y=2x^2$　　　　　　(2) $y=2\pi x^2$

解き方 (1) (三角形の面積)

$=$(底辺)×(高さ)÷2$=x\times4x\div2$

(2) (円錐の体積)$=\dfrac{1}{3}\times$(底面積)×(高さ)

❷ (1) 2^2 倍，3^2 倍，……，n^2 倍と変わる

(2) (左から順に)

　　0，0.25，1，2.25，4，6.25

(3) $y=6x^2$

解き方 (2) 左から順に，0×0，0.5×0.5，1×1，

1.5×1.5，2×2，2.5×2.5 を計算する。

❸ (1) $y=2x^2$　　　(2) $y=98$　　　(3) $x=\pm5$

解き方 (1) $y=ax^2$ に $x=4$，$y=32$ を代入して，

　　$32=a\times4^2$　　よって，$a=2$

(2) $y=2\times7^2=2\times49=98$

(3) $50=2\times x^2$　　$x^2=25$ より，$x=\pm5$

❹

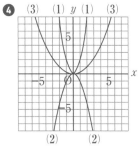

解き方 (1) $y=2x^2$

x	$\cdots$	-3	-2	-1	0	1	2	3	$\cdots$
y	$\cdots$	18	8	2	0	2	8	18	$\cdots$

(2) $y=-x^2$

x	$\cdots$	-3	-2	-1	0	1	2	3	$\cdots$
y	$\cdots$	-9	-4	-1	0	-1	-4	-9	$\cdots$

(3) $y=\dfrac{1}{4}x^2$

x	$\cdots$	-3	-2	-1	0	1	2	3	$\cdots$
y	$\cdots$	$\dfrac{9}{4}$	1	$\dfrac{1}{4}$	0	$\dfrac{1}{4}$	1	$\dfrac{9}{4}$	$\cdots$

❺ (1) C　　(2) A　　(3) B　　(4) D

解き方 (2)と(3)は比例定数が正だから，AかBになる。

$\dfrac{5}{7}>\dfrac{1}{2}$ により，(2)がA，(3)がBとなる。(1)と(4)は比例定数が負だからCかDであり，それぞれの比例定数の絶対値の大小により，(1)がC，(4)がDとなる。

❻ (1) ⑦，①，④，⑦　　　　(2) ④

(3) ④と①，④と⑦　　　　(4) ⑦

解き方 (1) $y=ax^2$ で，$a<0$ となるものを選ぶ。

(2) a の絶対値がもっとも小さいものを選ぶ。

(3) a の符号が反対で，絶対値の等しいものを選ぶ。

(4) $x=-3$，$y=3$ を代入して両辺が等しくなるものを選ぶ。

[1] 関数 $y=ax^2$

[2] 関数の利用

p.28-29 Step 2

❶ (1) 減少　　(2) 増加　　(3) ≧，0

解き方 $a>0$ のとき，$y=ax^2$ の値は，

・$x<0$ のとき，x の値が増加すると，y の値は減少する。

・$x>0$ のとき，x の値が増加すると，y の値は増加する。

❷ (1)，(2)は，右のグラフ。

　(1) 変域…$0\leqq y\leqq4$，

　　　最大値…4

　(2) 変域…$-\dfrac{9}{2}\leqq y\leqq0$

　　　最大値…0

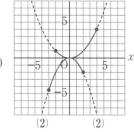

解き方 (1) $x=0$ のとき y の値は最小で，最小値は $y=0$

$x=4$ のとき y の値は最大で，最大値は

$y=\dfrac{1}{4}\times4^2=4$

(2) $x=0$ のとき y の値は最大で，最大値は $y=0$

$x=-3$ のとき y の値は最小で，最小値は

$y=-\dfrac{1}{2}\times(-3)^2=-\dfrac{1}{2}\times9=-\dfrac{9}{2}$

❸ (1) 4　　　　　　　　　(2) $y=\dfrac{3}{2}x^2$

解き方 (1) x の増加量は，$5-3=2$

$x=3$ のとき $y=\dfrac{9}{2}$，$x=5$ のとき $y=\dfrac{25}{2}$

y の増加量は，$\dfrac{25}{2}-\dfrac{9}{2}=8$

よって，（変化の割合）$=\dfrac{8}{2}=4$

注 変化の割合の求め方は，

$$（変化の割合）=\dfrac{（y の増加量）}{（x の増加量）}$$

(2) $y=ax^2$ とおくと，

$x=-1$ のとき $y=a$，$x=5$ のとき $y=25a$

$$（変化の割合）=\dfrac{25a-a}{5-(-1)}$$
$$=\dfrac{24a}{6}=4a$$

$4a=6$　　よって，$a=\dfrac{3}{2}$

❹ (1) $y=2x^2$　　　　　　(2) 8 m/s

解き方 (1) $y=ax^2$ とおいて，$x=4$，$y=32$ を代入して a の値を求める。

$32=a\times4^2$　　よって，$a=2$

(2) $\dfrac{2\times3^2-2\times1^2}{3-1}=\dfrac{16}{2}=8\,(m/s)$

❺ (1) $y=\dfrac{1}{2}x^2$

(2) x の変域…$0\leqq x\leqq6$，y の変域…$0\leqq y\leqq18$

(3) $x=3\sqrt{2}$

解き方 (1) △APQ は，$AP=PQ=x\,(cm)$ の直角二等辺三角形だから，$y=\dfrac{1}{2}\times x\times x=\dfrac{1}{2}x^2$

(2) $x=0$ のとき，y の値は最小で，$y=0$

$x=6$ のとき，y の値は最大で，$y=\dfrac{1}{2}\times6^2=18$

よって，y の変域は，$0\leqq y\leqq18$

(3) 台形 PBCQ＝△ABC－△APQ，

台形 PBCQ＝△APQ より，

$$\dfrac{1}{2}x^2=18-\dfrac{1}{2}x^2\qquad x^2=18$$

$x=\pm3\sqrt{2}$　　$0\leqq x\leqq6$ より，$x=3\sqrt{2}$

❻ 点 A（-1，1）　　点 B（2，4）

　　直線 ℓ　$y=x+2$

解き方 図より，点 A の x 座標は -1，点 B の x 座標は 2。それらに対応した y 座標の値を求める。

$x=-1$ を $y=x^2$ に代入すると $y=1$

　　　　　　　　よって A（-1，1）

$x=2$ を $y=x^2$ に代入すると $y=4$

　　　　　　　　よって B（2，4）

直線 ℓ は 2 点（-1，1），（2，4）を通る直線だから，

$y=ax+b$　に $x=-1$，$y=1$ を代入すると

　　　　　　$1=-a+b$　……①

$y=ax+b$　に $x=2$，$y=4$ を代入すると

　　　　　　$4=2a+b$　……②

①，②を連立方程式として解くと

　　　　　　$a=1$，$b=2$

よって直線 ℓ は　$y=x+2$

❼ (1) y は x の関数であるといえる。

(2) x は y の関数であるとはいえない。

(3)

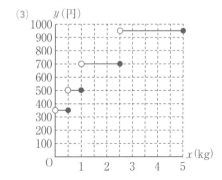

解き方 (1) 重さ $x\,kg$ が決まればそれに対応する料金 y 円の値は 1 つに決まるので，関数であるといえる。

(2) たとえば，料金が 500 円のとき，$1\,kg$ 以下 $0.5\,kg$ を超える重さまで送れるので，重さはただ 1 つとは限らないから，重さ $x\,kg$ は料金 y 円の関数であるとはいえない。

(3) 重さが $0\,kg$～$0.5\,kg$ まで料金は 350 円，$0.5\,kg$～$1\,kg$ まで 500 円，$1\,kg$～$2.5\,kg$ まで 700 円，$2.5\,kg$～$5\,kg$ まで 950 円である。

○と●の使い方に注意する。

p.30-31 **Step ❸**

❶ (1) 4　(2) $y=4x^2$

　(3) $y=36$　(4) $x=\pm5$

❷ (1) ⑦, ⑦　(2) ⑦　(3) ⑦と⑦

❸ (1) 右図。

　　$0\leqq y\leqq4$

　(2) 右図。

　　$-\dfrac{16}{3}\leqq y\leqq0$

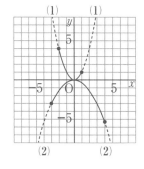

(1)　(1)
(2)　(2)

❹ (1) 1　(2) -2

❺ (1) 9 m/s　(2) 24 m/s

❻ (1) 650 円　(2) 500, 650, 800, 950, 1100

　(3) $4<x\leqq5$

❼ (1) $a=\dfrac{1}{3}$　(2) 27

解き方

❶ (1) 比例定数を a とすると，$y=ax^2$

$x=2$ のとき $y=16$ だから，$16=a\times2^2$　$a=4$

(2) (1)より，$y=4x^2$

(3) $y=4x^2$ の式に $x=-3$ を代入すると，

$y=4\times(-3)^2=36$

(4) $100=4\times x^2$ より，$x^2=25$　よって，$x=\pm5$

❷ (1) 比例定数が負の値のものは，グラフが下に開いている。

(2) $y=ax^2$ で，a の絶対値が最小のものが，もっともグラフの開き方は大きい。

(3) 比例定数の絶対値が等しく，符号が異なる2つの関数のグラフは，x 軸について対称である。

❸ (1)，(2)とも x の変域内に0をふくんでいるので，注意すること。$x=0$ のところでは，最大値か最小値をとる。グラフの形から考える。

(1) $x=-2$ のときの y の値は $y=(-2)^2=4$

$x=0$ のときの y の値は $y=0^2=0$

(2) $x=4$ のときの y の値は $y=-\dfrac{1}{3}\times4^2=-\dfrac{16}{3}$

$x=0$ のときの y の値は $y=-\dfrac{1}{3}\times0^2=0$

❹ (変化の割合)$=\dfrac{(y\,の増加量)}{(x\,の増加量)}$

(1) $x=1$ のとき，$y=\dfrac{1}{4}\times1^2=\dfrac{1}{4}$

$x=3$ のとき，$y=\dfrac{1}{4}\times3^2=\dfrac{9}{4}$

よって，y の増加量は，$\dfrac{9}{4}-\dfrac{1}{4}=2$

したがって，変化の割合は，$\dfrac{2}{3-1}=1$

(2) $x=-6$ のとき，$y=\dfrac{1}{4}\times(-6)^2=9$

$x=-2$ のとき，$y=\dfrac{1}{4}\times(-2)^2=1$

したがって，変化の割合は，

$\dfrac{1-9}{(-2)-(-6)}=\dfrac{-8}{4}=-2$

❺ (1) $\dfrac{3\times2^2-3\times1^2}{2-1}=\dfrac{9}{1}=9\,(\mathrm{m/s})$

(2) $\dfrac{3\times5^2-3\times3^2}{5-3}=\dfrac{48}{2}=24\,(\mathrm{m/s})$

❻ (1) x 軸で 2.5 のところの y の値を読みとる。

(2) 走行距離 $0<x\leqq2$ は 500 円

$2<x\leqq3$ は 650 円，$3<x\leqq4$ は 800 円

$4<x\leqq5$ は 950 円，$5<x\leqq6$ は 1100 円

になっているのを，グラフから読みとる。

(3) y 軸の 950 円にあてはまる x 軸の走行距離を読みとる。

❼ (1) 関数 $y=-x+6$ の式に $x=3$ を代入すると，

$y=3$

よって，点 B の座標は (3, 3)

$x=3$，$y=3$ を $y=ax^2$ に代入すると，$3=9a$

したがって，$a=\dfrac{1}{3}$

(2) 直線 AB と y 軸との交点を C とすると，

$y=-x+6$ で，切片は 6 だから，C (0, 6)

$\triangle\mathrm{AOB}=\triangle\mathrm{AOC}+\triangle\mathrm{BOC}$

線分 OC を底辺とすると，

$\dfrac{1}{2}\times6\times6+\dfrac{1}{2}\times6\times3=27$

5章 相似

1 相似な図形

p.33-34 **Step 2**

❶ ⑴ 四角形 ABCD∽四角形 EFGH
⑵ 辺 EF　　　　　　　　⑶ 118°

解き方 頂点の対応のしかたが大切である。

四角形 A B C D
↑ ↑ ↑ ↑ （対応）
四角形 E F G H

⑴ 相似の記号をおぼえること。

⑵ 辺 AB に対応しているのは，辺 EF

⑶ ∠E＝∠A＝90°，∠G＝∠C＝85°
よって，∠H＝360°−90°−67°−85°＝118°

❷ ⑴ ∠D＝80°，∠F＝65°
⑵ 2：3　　　　　　　　⑶ 13.5 cm

解き方 ⑴ 対応する角の大きさは等しいので，
∠D＝∠H＝80°，
∠F＝∠B＝360°−135°−80°−80°
＝65°

⑵ DC：HG＝8：12＝2：3

⑶ 四角形 ABCD と四角形 EFGH は相似であるから，
BC：FG＝DC：HG
9：FG＝2：3
2FG＝27
FG＝13.5(cm)

❸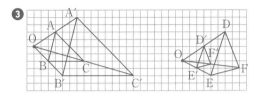

解き方 相似の中心を点 O として，点 O から対応する点までの距離の比がすべて等しいとき，この 2 つの図形は相似である。

❹ △ABC∽△ONM
条件…3 組の辺の比がすべて等しい。
△DEF∽△QRP
条件…2 組の角がそれぞれ等しい。
△GHI∽△LJK
条件…2 組の辺の比とその間の角がそれぞれ等しい。

解き方 形が似ていると思われる図形については，位置を変えてみるとわかりやすい場合がある。
△ABC で，AB＝5 cm，BC＝4 cm，CA＝3 cm
△ONM で，ON＝10 cm，NM＝8 cm，MO＝6 cm
AB：ON＝BC：NM＝CA：MO(＝1：2)

❺ ㋐ △DEC　　　㋑ 1　　　　㋒ 2
㋓ 対頂角　　　　　　㋔ ∠ACB
㋕ 2 組の辺の比とその間の角

解き方 AC：DC＝BC：EC＝1：2 で，2 組の辺の比が等しいことがわかる。

❻ △FAB と △EDB で，
仮定から　∠FBA＝∠EBD　……①
また，∠FAB＝∠EDB(＝90°)　……②
①，②より，2 組の角がそれぞれ等しいから
△FAB∽△EDB
相似な三角形の対応する辺の長さの比は等しいから
BF：BE＝BA：BD

解き方 証明すべき比 BF：BE＝BA：BD から，それらを辺にもつ 2 つの三角形が相似でないかと考える。
BF が ∠B の二等分線でもあることから，△FAB と △EDB の相似がうかびあがる。

① 相似な図形

p.36 **Step ②**

❶ (1)① $1:2$ ② $1:1$
(2)① $20\ \mathrm{cm^2}$ ② $30\ \mathrm{cm^2}$

解き方 (1)① △ABM と △ACM は高さが等しい三角形なので，面積の比は底辺の長さの比に等しくなる。よって，BM：CM＝1：2

② △CAN と △CMN は高さが等しい三角形なので，面積の比は底辺の長さの比に等しくなる。
よって，AN：MN＝1：1

(2)① △CMN＝△ABC×$\dfrac{2}{3}$×$\dfrac{1}{2}$ だから，

$$60×\dfrac{2}{3}×\dfrac{1}{2}=20\,(\mathrm{cm^2})$$

② △BMN＝△ABC×$\dfrac{1}{3}$×$\dfrac{1}{2}$ だから，

$$60×\dfrac{1}{3}×\dfrac{1}{2}=10\,(\mathrm{cm^2})$$

よって，△NBC＝△CMN＋△BMN
$$=20+10=30\,(\mathrm{cm^2})$$

❷ (1) $9:25$ (2) $32\ \mathrm{cm^2}$

解き方 (1) △ADE と △ABC は相似であるから，
AD：AB＝AD：(AD＋DB)＝6：(6＋4)＝3：5
面積の比は相似比の2乗に等しいから，
△ADE：△ABC＝$3^2:5^2$＝9：25
(2) △ADE の面積を $x\ \mathrm{cm^2}$ とすると，

$$9:25=x:50$$
$$25x=9×50$$
$$x=18\,(\mathrm{cm^2})$$

よって，台形 DBCE の面積は，50－18＝32（cm²）

❸ (1) $1250\ \mathrm{cm^2}$ (2) $4.8\ \mathrm{cm^3}$

解き方 (1) B の表面積を $x\ \mathrm{cm^2}$ とすると，

$$2^2:5^2=200:x$$
$$4:25=200:x$$
$$4x=25×200$$
$$x=1250\,(\mathrm{cm^2})$$

(2) A の体積を $y\ \mathrm{cm^3}$ とすると，

$$2^3:5^3=y:75$$
$$8:125=y:75$$
$$125y=8×75$$
$$y=4.8\,(\mathrm{cm^3})$$

❹ $625\ \mathrm{cm^3}$

解き方 2つの相似な図形 A，B の面積の比は，
32：50＝16：25 だから，A と B の2つの図形の相似比は，$\sqrt{16}:\sqrt{25}=4:5$
よって，B の体積を $x\ \mathrm{cm^3}$ とすると，

$$4^3:5^3=320:x$$
$$64:125=320:x$$
$$64x=125×320$$
$$x=625\,(\mathrm{cm^3})$$

② 平行線と線分の比

③ 相似の利用

p.38-39 **Step ②**

❶ (1) $x=5$ (2) $x=24$
(3) $x=4.5$ (4) $x=8$

解き方 (1) PQ∥BC より，PQ：BC＝AQ：AC
よって，3：x＝6：(6＋4)
$$6x=3×10$$
$$x=5$$

(2) PQ∥BC より，AP：AB＝AQ：AC
よって，15：x＝10：16
$$10x=15×16$$
$$x=24$$

(3) PQ∥BC より，AQ：QC＝AP：PB
よって，6：x＝8：6
$$8x=6×6$$
$$x=4.5$$

(4) PQ∥BC より，AP：AB＝PQ：BC
よって，4：x＝5：10
$$5x=4×10$$
$$x=8$$

❷ EC＝6 cm，DG＝12 cm

解き方 △AEC において，点 D，F はそれぞれ辺 AE，AC の中点だから，中点連結定理により，

DF∥EC ……① EC＝2DF ……②

よって，②から，EC＝2×3＝6(cm)

また，△BDG において，BE＝ED と①から，三角形の線分の比の定理により，

BC：CG＝BE：ED＝1：1

よって，BC＝CG

したがって，中点連結定理により，

DG＝2EC＝2×6＝12(cm)

❸ 6 cm

解き方 △ABC において，点 E，F はそれぞれ辺 AB，AC の中点だから，中点連結定理により，

$$EF\parallel BC, \quad EF=\frac{1}{2}BC$$

$CD=\frac{1}{3}BC$ だから，

$$EF:CD=\frac{1}{2}BC:\frac{1}{3}BC=3:2$$

△GEF∽△GCD だから，EG：CG＝EF：CD

よって，EG＝x cm とすると，

$$x:4=3:2$$
$$2x=4\times 3$$
$$x=6$$

したがって，EG の長さは 6 cm

❹ (1) $x=3$　　　　(2) $x=8$

(3) $x=10$　　　(4) $x=\frac{25}{3},\ y=\frac{8}{5}$

解き方 (1) $2:4=1.5:x$
$$2x=4\times 1.5$$
$$x=3$$

(2) $x:4=7:3.5$
$$3.5x=4\times 7$$
$$x=8$$

(3) $4:(x-4)=2:3$
$$2(x-4)=12$$
$$2x-8=12$$
$$2x=20$$
$$x=10$$

(4) $3:(3+2)=5:x$
$$3x=5\times 5$$
$$x=\frac{25}{3}$$
$$y:4=2:(2+3)$$
$$5y=4\times 2$$
$$y=\frac{8}{5}$$

❺ 12 cm

解き方 △PAB∽△PCD だから，

PB：PD＝AB：CD＝21：28＝3：4

△BCD において，PQ∥DC だから，

PQ：DC＝BP：BD

PQ＝x cm とすると，

$$x:28=3:(3+4)$$
$$7x=28\times 3$$
$$x=12$$

したがって，PQ の長さは 12 cm

❻ (1) $x=6.3$　　　　(2) $x=5$

解き方 (1) AB：AC＝BD：DC より，

$$12:10.5=7.2:x$$
$$12x=10.5\times 7.2$$
$$x=6.3$$

(2) AB：AC＝BD：DC より，

$$7.5:6=x:(9-x)$$
$$6x=7.5(9-x)$$
$$13.5x=67.5$$
$$x=5$$

❼ 100 m^2

解き方 500 分の 1 の縮図から実際の正方形の土地の 1 辺の長さを求めると，

2(cm)×500＝10(m)

よって，実際の正方形の土地の面積は，

10×10＝100(m^2)

p.40-41 **Step 3**

❶ (1) 四角形 ABCD∽四角形 EFGH　(2) 3：2

　　(3) ① 4.5 cm　② 3.6 cm

　　　③ 60°　④ 85°

❷ 〔証明〕△ABC と △ACD において，

　　　　　　　∠ABC＝∠ACD　……①

　　共通な角だから，∠BAC＝∠CAD　……②

　　①，②より，2 組の角がそれぞれ等しいから，

　　　　△ABC∽△ACD

　　〔AB の長さ〕12 cm

❸ (1) 1：1　(2) 4：1

❹ (1) $x=1.8$　(2) $x=\dfrac{7}{4}$

❺ (1) 2：1　(2) 3：1　(3) 9 倍

❻ (1) 1：4　(2) 1：3　(3) 1：7

解き方

❶ (2) 四角形 ABCD と四角形 EFGH の対応する辺の

　　長さの比より，BC：FG＝6：4＝3：2

　　(3) ① CD：GH＝3：2 より，

　　　　　CD：3＝3：2

　　　　　　2CD＝9

　　　　　　　CD＝4.5

　　　② EF：AB＝2：3 より，

　　　　　EF：5.4＝2：3

　　　　　　3EF＝5.4×2

　　　　　　EF＝3.6

　　　③ ∠C＝∠G＝60°

　　　④ ∠D＝∠H より，

　　　　　∠B＝∠F＝360°－(∠E＋∠H＋∠G)

　　　　　　＝360°－(75°＋140°＋60°)＝85°

❷ 相似な三角形の対応する辺の長さの比は等しいか

　　ら，AB：AC＝AC：AD

　　　AB：6＝6：3

　　　3AB＝6×6

　　　AB＝12

❸ (1) △CBD において，BD∥EF だから，

　　BF：FC＝DE：EC＝1：1

　　(2) ∠A が共通，DG∥EF より ∠D＝∠E だから，

　　△AGD∽△AFE

　　相似比は AD＝DE より，1：2

　　よって，DG＝$\dfrac{1}{2}$EF

　　(1)より，DB＝2EF だから，

　　DB：DG＝2EF：$\dfrac{1}{2}$EF＝4：1

❹ (1) 1.2：x＝2：(5－2)

　　　　　2x＝1.2×3

　　　　　　x＝1.8

　　(2) 7：x＝8：2

　　　　8x＝7×2

　　　　　x＝$\dfrac{7}{4}$

❺ (1) 点 F と G を結ぶ。△BHE において，

　　BF＝FE，BG＝GH だから，

　　中点連結定理により，FG∥EH

　　よって，△AFG において，EI∥FG だから，

　　AI：IG＝AE：EF＝2：1

　　(2) (1)より，△AIH：△IGH＝2：1

　　よって，△AGH：△IGH＝3：1

　　(3) (2)より，△ABC：△IGH

　　　　　　＝3△AGH：$\dfrac{1}{3}$△AGH＝9：1

　　よって，△ABC の面積は，△IGH の面積の 9 倍

　　になる。

❻ 右の図のような切り口でできる

　　三角形で考えると，

　　△RM′O′ と △RMO の相似比は

　　1：2

　　(2) 2 等分した円錐ともとの円錐

　　の側面積をそれぞれ S'，S とすると，

　　　S'：S＝1^2：2^2

　　A と B の側面積の比は，

　　　S'：$(S-S')$＝1：(4－1)＝1：3

　　(3) 2 等分した円錐ともとの円錐の体積をそれぞれ

　　V'，V とすると，

　　　V'：V＝1^3：2^3

　　A と B の体積の比は，

　　　V'：$(V-V')$＝1：(8－1)＝1：7

6章 円

1 円

p.43-45 **Step 2**

❶ (1) $260°$　　(2) $100°$　　(3) $50°$

解き方 (1) $\angle a = 130° \times 2 = 260°$

(2) $\angle b = 360° - 260° = 100°$

(3) $\angle x = 100° \times \dfrac{1}{2} = 50°$

❷ (1) $55°$　　(2) $116°$　　(3) $90°$

　　(4) $40°$　　(5) $55°$　　(6) $94°$

解き方 (1) $\angle x = 110° \times \dfrac{1}{2} = 55°$

(2) $\angle x = 232° \times \dfrac{1}{2} = 116°$

(3) 半円の弧に対する円周角は，$90°$ である。

(4) 同じ弧に対する円周角の大きさは等しい。

よって，$\angle x = \angle BDC = 40°$

(5) $\angle DCA = \angle DBA = 35°$ より，

　　$\angle x = 90° - 35° = 55°$

(6) $\angle ADB = \angle ACB = 30°$

よって，$\angle x = \angle A + \angle D = 64° + 30° = 94°$

❸ (1) $\angle AED$　　(2) $\angle ABD$，$\angle ACD$

　　(3) $120°$

解き方 (2) $\overparen{AED}$ に対する円周角は，$\overparen{AED}$ と反対側
に，$\angle ABD$ と $\angle ACD$ の2つがある。

(3) $\angle CDE = \angle CDB + \angle BDE$

　　　　　$= \dfrac{1}{2} \angle COB + \dfrac{1}{2} \angle BOE$

　　　　　$= \dfrac{1}{2} \times 70° + \dfrac{1}{2} \times 170° = 120°$

❹ (1) 4　　　　(2) 5

解き方 (1) まず，4 cm の弧の円周角を求めると，

　　$(180° - 120°) \div 2 = 30°$

等しい円周角に対する弧の長さは等しいので，

$x = 4$

(2) 等しい円周角に対する弧の長さは等しいので，

$x = 5$

❺ (1) 3 倍　　　　(2) $108°$

解き方 (1) $\overparen{BC} = \overparen{CD} = \overparen{DE}$ より，

$\angle BAC = \angle CAD = \angle DAE$ だから，

$\angle BAE = \angle BAC + \angle CAD + \angle DAE$

　　　$= 3\angle CAD$

(2) $\angle BAE$ に対する弧の長さは円周の長さの $\dfrac{3}{5}$

だから，$\left(360° \times \dfrac{3}{5}\right) \times \dfrac{1}{2} = 108°$

❻ (1) $45°$　　　　(2) $56°$

　　(3) $85°$　　　　(4) $57°$

解き方 (2) $\angle BDC = 180° - (85° + 49°) = 46°$

円周角の定理の逆より，点 A，B，C，D は1つの円
周上にある。$\angle x = \angle ADB = 102° - 46° = 56°$

(3) $\angle CAD = \angle CBD$

円周角の定理の逆より，点 A，B，C，D は1つの円
周上にある。

$\angle BAC = \angle BDC = 55°$　よって，$\angle x = 85°$

(4) $\angle BAC = 180° - (30° + 75°) = 75°$，

$\angle EAC = 57°$，$\angle AEC = 48°$

円周角の定理の逆より，点 A，D，E，C は1つの円
周上にある。よって，$\angle x = \angle EAC = 57°$

❼ $\angle ACB = \angle ADB$ より，4点 A，B，C，D は1
つの円周上にある。

したがって，$\overparen{BC}$ の円周角より，

$\angle BAC = \angle BDC$

同様に，$\overparen{AD}$ の円周角より，$\angle ABD = \angle ACD$

解き方 円周角の定理の逆や，円周角の定理を使っ
て説明する。

❽ (1) 線分 AO を直径とする円をかく。このかい
た円ともとの円 O との交点を P，Q とする。
A と P，A と Q を結ぶと，直線 AP，AQ が求
める接線となる。

(2) $\angle APO$ と $\angle AQO$ は，AO が直径だから，
その円周角として $90°$ である。

よって，AP，AQ は円 O の周上の点 P，Q で
半径に垂直になるから，円 O の接線となる。

▶ 本文 p.45

❾ 円 O の接線の作図

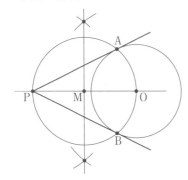

解き方 円 O の外部の点 P を通る円 O の接線は，次の手順で作図することができる。

① 線分 PO の垂直二等分線をひき，線分 PO との交点を M とする。

② 点 M を中心として，線分 PM を半径とする円をかく。

③ この円と円 O との交点をそれぞれ A，B とする。

④ 直線 PA，PB をひく。

❿ (1) 5.4 cm　　　　(2) 5 cm

解き方 (1) △APC∽△DPB より，相似な三角形の対応する辺の長さの比は等しいから，

$$PA : PD = PC : PB$$
$$3.6 : PD = 2 : 3$$
$$2PD = 3.6 \times 3$$
$$PD = 5.4 \,(cm)$$

(2) △APC∽△DPB より，相似な三角形の対応する辺の長さの比は等しいから，

$$PA : PD = PC : PB$$
$$4 : PD = 2.4 : 3$$
$$2.4PD = 4 \times 3$$
$$PD = 5 \,(cm)$$

⓫ △APC と △DPB において，

共通な角であるから ∠APC＝∠DPB ……①

円周角の定理より ∠PAC＝∠PDB ……②

①，②より，2 組の角がそれぞれ等しいから

△APC∽△DPB

解き方 三角形の相似条件をおぼえておくこと。

[1] 3 組の辺の比がすべて等しい。

[2] 2 組の辺の比とその間の角がそれぞれ等しい。

[3] 2 組の角がそれぞれ等しい。

p.46-47 **Step ③**

❶ (1) $120°$　(2) $102°$　(3) $60°$
　(4) $44°$　(5) $40°$　(6) $45°$

❷ (1) $\dfrac{\angle a}{2}$　(2) $-\dfrac{\angle a}{2}+\angle b$

❸ (1) $32°$　(2) $64°$　(3) $32°$

❹ (1) $110°$　(2) $3:6:4:5$

❺ ㋐ ×　㋑ ○　㋒ ×

❻ (1) △DEC　2組の角がそれぞれ等しい
　(2) △AED と △BEC において，
　　円周角の定理により，
　　$\angle$ADE $=\angle$BCE　……①
　　対頂角は等しいから，
　　$\angle$AED $=\angle$BEC　……②
　　①，②より，2組の角がそれぞれ
　　等しいから，△AED∽△BEC
　(3) 10 cm

解き方

❶ 円周角の大きさは，中心角の
大きさの半分である。
(1) まず $65°$（あるいは $55°$）と
等しい角を見つける。

三角形の1つの外角は，それ
ととなり合わない2つの内角の和に等しいから，
$\angle x=65°+55°=120°$
(2) $\angle x=(360°-156°)\div2=102°$
(3) $\overset{\frown}{\text{ACB}}$ に対する中心角の大きさの半分である。
$\angle x=(360°\div3)\div2=60°$
(4) OA，OB は半径で長さが等しいので，
△OAB は二等辺三角形である。二等辺三角形の底
角は等しいことから，
$\angle$AOB $=180°-46°\times2=88°$，$\angle x=88°\div2=44°$
(5) 右の図のように補助線をひき，
円周角の定理を利用する。
△ABC において，AB は円 O
の直径なので，$\angle$ACB $=90°$

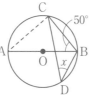

$\angle$A $=\angle$D $=\angle x$
$\angle x+90°+50°=180°$ より，$\angle x=40°$

(6) 右の図のように補助
線をひき，円周角の定理
を利用する。
$\angle x=20°+25°=45°$

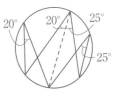

❷ (1) $\angle$APB $=\dfrac{1}{2}\angle$AOB $=\dfrac{1}{2}\times\angle a=\dfrac{\angle a}{2}$
(2) 2つの三角形において，対頂角が等しいことか
ら，残りの2つの内角の和も等しいので，
　$\angle$OAP $+\angle a=\angle$APB $+\angle b$
　$\angle$OAP $+\angle a=\dfrac{\angle a}{2}+\angle b$
よって，$\angle$OAP $=\dfrac{\angle a}{2}+\angle b-\angle a=-\dfrac{\angle a}{2}+\angle b$

❸ (1) $\angle$BCA $=\angle$BDA $=32°$
(2) $\overset{\frown}{\text{BC}}=\overset{\frown}{\text{AB}}$ より，$\angle$BDC $=\angle$ADB $=32°$
よって，$\angle$ADC $=\angle$ADB $+\angle$BDC $=64°$
(3) $\angle$BAC $=\angle$BDC $=32°$

❹ (1) $\angle$ADB $=\angle$ACB $=30°$
　$\angle x=180°-(40°+30°)=110°$
(2) $\angle$BDC $=\angle$ADC $-\angle$ADB $=90°-30°=60°$
　$\angle$ACD $=90°-40°=50°$
　$\overset{\frown}{\text{AB}}:\overset{\frown}{\text{BC}}:\overset{\frown}{\text{CD}}:\overset{\frown}{\text{DA}}$
$=\angle$ACB $:\angle$BDC $:\angle$CAD $:\angle$ACD
$=30°:60°:40°:50°=3:6:4:5$

❺ ㋐ △ABP において，
$\angle$A $=180°-(70°+55°)=55°$
$\angle$A と $\angle$D が $55°$ と $50°$ で等しくないので，4点 A，
B，C，D は1つの円周上にない。
㋑ △APD の内角と外角について，
$\angle$DAC $=92°-50°=42°$
$\angle$DAC と $\angle$DBC が $42°$ と等しいので，4点 A，B，
C，D は1つの円周上にある。
㋒ $\angle$PBC $=180°-(94°+42°)=44°$
AD∥BC　よって，$\angle$ADB $=\angle$PBC $=44°$
$\angle$ADB と $\angle$ACB が等しくないので，4点 A，B，
C，D は1つの円周上にない。

❻ (1) $\angle$BAE $=\angle$CDE，$\angle$ABE $=\angle$DCE
よって，△AEB∽△DEC
相似条件は，2組の角がそれぞれ等しいから。
(3) △AED∽△BEC より　AD : BC $=$ AE : BE
$8:$BC $=4:5$　よって，BC $=10$(cm)

7章 三平方の定理

1 三平方の定理

p.49 **Step 2**

❶ △ABC∽△CBD より，AB：CB＝c：a
△CBD∽△ACD より，CB：AC＝a：b
よって，AB：CB：AC＝c：a：b
また，面積の比は相似比の2乗になるので，
△ABC：△CBD：△ACD＝c^2：a^2：b^2
△ABC＝△CBD＋△ACD より，
$$c^2＝a^2＋b^2$$
これは三平方の定理を表している。

❷ (1) $x＝15$ 　　　　　(2) $x＝8$
　(3) $x＝4\sqrt{2}$ 　　　　(4) $x＝16$

解き方 (1) 三平方の定理により
$$9^2＋12^2＝x^2$$
$$x^2＝225$$
$x＞0$ であるから　$x＝15$
(2) 三平方の定理により
$$x^2＋15^2＝17^2$$
$$x^2＝64$$
$x＞0$ であるから　$x＝8$
(3) 三平方の定理により
$$7^2＋x^2＝9^2$$
$$x^2＝32$$
$x＞0$ であるから　$x＝4\sqrt{2}$
(4) 三平方の定理により
$$x^2＋(15^2－9^2)＝20^2$$
$$x^2＋144＝400$$
$$x^2＝256$$
$x＞0$ であるから　$x＝16$

❸ (1) $\sqrt{85}$ cm 　　　　(2) 9 cm
　(3) $2\sqrt{3}$ cm 　　　(4) 25 cm

解き方 (1) 斜辺の長さを x cm とすると，
三平方の定理により
$$7^2＋6^2＝x^2$$
$$x^2＝85$$
$x＞0$ であるから　$x＝\sqrt{85}$
(2) 斜辺の長さを x cm とすると，
三平方の定理により
$$(4\sqrt{2})^2＋7^2＝x^2$$
$$x^2＝81$$
$x＞0$ であるから　$x＝9$
(3) 斜辺の長さを x cm とすると，
三平方の定理により
$$(\sqrt{5})^2＋(\sqrt{7})^2＝x^2$$
$$x^2＝12$$
$x＞0$ であるから　$x＝2\sqrt{3}$
(4) 斜辺の長さを x cm とすると，
三平方の定理により
$$7^2＋24^2＝x^2$$
$$x^2＝625$$
$x＞0$ であるから　$x＝25$

❹ ㋑，㋓

解き方 3辺の長さを a，b，c とするとき，
$a^2＋b^2＝c^2$ が成り立つものをさがす。
㋐ 長さが 7 cm である辺がもっとも長いから，
$a＝6$，$b＝5$，$c＝7$ とすると，
$\quad a^2＋b^2＝6^2＋5^2＝61\quad c^2＝7^2＝49$
㋑ 長さが 25 cm である辺がもっとも長いから，
$a＝7$，$b＝24$，$c＝25$ とすると，
$\quad a^2＋b^2＝7^2＋24^2＝625\quad c^2＝25^2＝625$
㋒ 長さが $\sqrt{5}$ cm である辺がもっとも長いから，
$a＝2$，$b＝\sqrt{3}$，$c＝\sqrt{5}$ とすると，
$\quad a^2＋b^2＝2^2＋(\sqrt{3})^2＝7\quad c^2＝(\sqrt{5})^2＝5$
㋓ 長さが 4 cm である辺がもっとも長いから，
$a＝3$，$b＝\sqrt{7}$，$c＝4$ とすると，
$\quad a^2＋b^2＝3^2＋(\sqrt{7})^2＝16\quad c^2＝4^2＝16$
したがって，$a^2＋b^2＝c^2$ が成り立つのは㋑，㋓

2 三平方の定理の利用

❶ (1) $5\sqrt{2}$ cm　　　　　　(2) 15 cm

解き方 (1) 正方形の対角線の長さを x cm とすると，
三平方の定理により
$$5^2+5^2=x^2$$
$$x^2=50$$
$x>0$ であるから　$x=5\sqrt{2}$

(2) ひし形の 1 辺の長さを x cm とすると，
三平方の定理により
$$9^2+12^2=x^2$$
$$x^2=225$$
$x>0$ であるから　$x=15$

❷ (1) $x=12$　　　　　(2) $x=4\sqrt{2}$

解き方 (1) $1:2=6:x$
$$x=12$$
(2) $1:\sqrt{2}=4:x$
$$x=4\sqrt{2}$$

❸ 8 cm

解き方 $AH=x$ cm とすると，
三平方の定理により
$$x^2+3^2=5^2$$
$$x^2=16$$
$x>0$ であるから　$x=4$
したがって，弦 AB の長さは，$AB=2x=8$(cm)

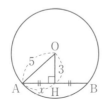

❹ (1) 線分 AB を斜辺とする直角三角形
　(2) 30

解き方 (1) 2 点 A $(5,\ 4)$，B $(-6,\ 2)$ 間の距離は
$$AB^2=\{5-(-6)\}^2+(4-2)^2$$
$$=11^2+2^2=125$$
$AB>0$ であるから　$AB=5\sqrt{5}$
2 点 B $(-6,\ 2)$，C $(2,\ -2)$ 間の距離は
$$BC^2=(-6-2)^2+\{2-(-2)\}^2$$
$$=(-8)^2+4^2=80$$
$BC>0$ であるから　$BC=4\sqrt{5}$
2 点 C $(2,\ -2)$，A $(5,\ 4)$ 間の距離は
$$CA^2=(2-5)^2+(-2-4)^2$$
$$=(-3)^2+(-6)^2=45$$
$CA>0$ であるから　$CA=3\sqrt{5}$
$AB^2=BC^2+CA^2$ が成り
立つから，△ABC は
線分 AB を斜辺とする直
角三角形である。

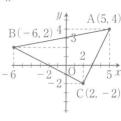

(2)(1)より，∠C$=90°$
$$\triangle ABC=\frac{1}{2}\times4\sqrt{5}\times3\sqrt{5}=30$$

❺ ⑦

解き方 展開図で考える。
⑦の場合
直角三角形 AEG において，
$$AG^2=AE^2+EG^2$$
$$AG^2=3^2+6^2=45$$
$AG>0$ であるから　$AG=3\sqrt{5}$ (cm)

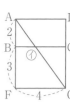

⑦の場合
直角三角形 AFG において，
$$AG^2=AF^2+FG^2$$
$$AG^2=5^2+4^2=41$$
$AG>0$ であるから　$AG=\sqrt{41}$ (cm)

⑦の場合
直角三角形 ABG において，
$$AG^2=AB^2+BG^2$$
$$AG^2=2^2+7^2=53$$
$AG>0$ であるから　$AG=\sqrt{53}$ (cm)
したがって，もっとも短くなるのは⑦の場合

❶ (1) 5　(2) $6\sqrt{5}$

❷ ① ×　② ○　③ ×　④ ○

❸ (1) $\dfrac{9\sqrt{3}}{4}$ cm²　(2) $12\sqrt{5}$ cm²

❹ (1) ∠C＝90°（BC＝CA）の直角二等辺三角形

　(2) $\sqrt{3}\,a$ cm

❺ (1) 24 cm　(2) 576π cm²

❻ (1) $\dfrac{\sqrt{55}}{2}$ cm　(2) $(9+3\sqrt{55})$ cm²

　(3) $\dfrac{\sqrt{46}}{2}$ cm　(4) $\dfrac{3\sqrt{46}}{2}$ cm³

❼ (1) 12π cm　(2) 216°

　(3) 96π cm²　(4) 96π cm³

解き方

❶ (1) $x^2+12^2=13^2$　　$x^2=25$

　$x>0$ であるから　$x=5$

　(2) $18^2-x^2=15^2-9^2$　$x^2=180$

　$x>0$ であるから　$x=\sqrt{180}=6\sqrt{5}$

❷ 3辺の長さを a, b, c とするとき，$a^2+b^2=c^2$ が

　成り立つものをさがす。

　① $a=2$，$b=3$，$c=4$ とすると，

　$a^2+b^2=2^2+3^2=13$　$c^2=4^2=16$

　② $a=3$，$b=4$，$c=5$ とすると，

　$a^2+b^2=3^2+4^2=25$　$c^2=5^2=25$

　③ $a=6$，$b=7$，$c=8$ とすると，

　$a^2+b^2=6^2+7^2=85$　$c^2=8^2=64$

　④ $a=3\sqrt{3}$，$b=2\sqrt{5}$，$c=\sqrt{47}$ とすると，

　$a^2+b^2=(3\sqrt{3})^2+(2\sqrt{5})^2=47$

　$c^2=(\sqrt{47})^2=47$

❸ (1) △ABC の高さを AH とすると，BH＝$\dfrac{3}{2}$ cm

　BH : AH＝$1:\sqrt{3}$ であることから

　　AH＝$\sqrt{3}$ BH＝$\dfrac{3\sqrt{3}}{2}$（cm）

　よって，面積は，$\dfrac{1}{2}\times3\times\dfrac{3\sqrt{3}}{2}=\dfrac{9\sqrt{3}}{4}$（cm²）

　(2) 高さは，$\sqrt{6^2-(8-4)^2}=\sqrt{20}=2\sqrt{5}$（cm）

　よって，面積は，

　$(4+8)\times2\sqrt{5}\div2=12\sqrt{5}$（cm²）

❹ (1) $AB^2=(7-2)^2+\{-2-(-1)\}^2=26$

　$BC^2=(4-7)^2+\{-4-(-2)\}^2=13$

　$CA^2=(2-4)^2+\{-1-(-4)\}^2=13$

　よって，$BC^2=CA^2$ より，$BC=CA=\sqrt{13}$

　また，$AB^2=BC^2+CA^2$ が成り立つから，△ABC

　は ∠C＝90° の直角二等辺三角形である。

　(2) $\sqrt{a^2+a^2+a^2}=\sqrt{3}\,a$（cm）

❺ (1) 半径 25 cm の球の中心を O とし，切り口の円

　の中心を H，その円周上の点を P，半径を x cm

　とすると，下の図のような直角三角形ができる。

　これより，

　　$x^2+7^2=25^2$

　　$x^2=576$

　$x>0$ より，$x=24$

　(2) 円の面積は，$\pi\times24^2=576\pi$（cm²）

❻ (1) △OBE で，三平方の定理により，

　$\left(\dfrac{3}{2}\right)^2+OE^2=4^2$

　$OE>0$ より，$OE=\dfrac{\sqrt{55}}{2}$（cm）

　(2) （正四角錐の表面積）＝（底面積）＋（側面積）より，

　$3^2+\left(\dfrac{1}{2}\times3\times\dfrac{\sqrt{55}}{2}\right)\times4=9+3\sqrt{55}$（cm²）

　(3) 求める高さを OH とすると，△OHE で，

　三平方の定理により，$\left(\dfrac{3}{2}\right)^2+OH^2=\left(\dfrac{\sqrt{55}}{2}\right)^2$

　$OH>0$ より，$OH=\dfrac{\sqrt{46}}{2}$（cm）

　(4) $\dfrac{1}{3}\times3^2\times\dfrac{\sqrt{46}}{2}=\dfrac{3\sqrt{46}}{2}$（cm³）

❼ (1) 円 O′ の半径が 6 cm より，$2\pi\times6=12\pi$（cm）

　(2) おうぎ形の中心角を x° とすると，

　$2\pi\times10\times\dfrac{x}{360}=12\pi$ より，$x=216$

　(3) （円錐の表面積）＝（底面積）＋（おうぎ形の面積）

　より，$\pi\times6^2+\pi\times10^2\times\dfrac{216}{360}=96\pi$（cm²）

　(4) 円錐の高さを h cm とすると，

　$6^2+h^2=10^2$　$h>0$ より，$h=8$（cm）

　よって，体積は，$\dfrac{1}{3}\times\pi\times6^2\times8=96\pi$（cm³）

8章 標本調査

1 母集団と標本

p.55　**Step 2**

❶(1) 標本調査　　　　(2) 標本調査
(3) 全数調査

解き方 (1) 全国の稲をすべて調査することは困難なので，全数調査ではない。

(2) テレビ番組の視聴率の全数調査を行うには，手間や時間がかかりすぎてしまうので，標本調査となる。

(3) 国勢調査では，日本に住んでいる人の正確な情報を求めているので，全数調査となる。

❷②，④

解き方 ① 男子と女子とで読書量のちがいが考えられるので，標本の選び方としては不適切である。

② くじ引きは，データをかたよりなく選べるので，適切である。

③ ある1学級を選ぶと，学級による読書量のちがいが考えられるので，不適切である。

④ 出席番号が5の倍数の人を選ぶのは，データをかたよりなく選べるので，適切である。

❸ 100人の生徒の抽出を数回くり返して行い，それぞれの平均点の平均を求める。

解き方 1回だけの抽出では，母集団の平均から離れることがある。数回抽出を行い，それぞれの平均点の平均をとると，より母集団の平均に近づく。

「抽出する標本の大きさを大きくする。」としてもよい。

❹ およそ 162.6 cm

解き方 3年A組の40人の中から標本として無作為に選んだ5人の身長の平均値は，

$(164.7＋150.2＋157.4＋168.9＋171.8)÷5$

$＝813÷5$

$＝162.6 (cm)$

標本5人の身長の平均値が 162.6 cm なので，母集団としての3年A組の40人の平均身長は，およそ 162.6 cm と考えられる。

❺ およそ 850 個

解き方 標本調査で調べた発芽率と，母集団としての発芽率が同じであるとして考える。

無作為に取り出した20個のあさがおの種のうち，発芽した割合は，$\dfrac{17}{20}$

よって，母集団においてこのあさがおの種の発芽する割合も $\dfrac{17}{20}$ と推定することができる。

したがって，発芽する数は，

$1000×\dfrac{17}{20}＝850 (個)$

よって，およそ 850 個と考えられる。

p.56　**Step 3**

① (1) 標本調査　(2) 標本調査
② ① 標本調査　② 母集団　③ 標本
③ およそ 166 cm
④ およそ 133 個
⑤ およそ 350 個

解き方

① (1) のら猫を全部つかまえて確認することは不可能なので，標本調査となる。

(2) 全数調査をするには，費用と時間がかかりすぎるので，標本調査となる。

標本調査の例

テレビ番組の視聴率の調査，乾電池などの品質調査，電球の耐久時間調査，アンケート調査，中学生の通塾率調査，世論調査，牛乳などの細菌検査，カラスなどの数の調査など。

② 用語の定義なので，おぼえておく必要がある。

③ ある市の中学 3 年のサッカー部員の中から標本として無作為に選んだ 10 人の部員の身長の平均値は，

$$(168 + 164 + 170 + 161 + 169 + 174 + 163 + 159$$
$$+ 167 + 165) \div 10$$
$$= 1660 \div 10$$
$$= 166 (\text{cm})$$

標本 10 人の身長の平均値が 166 cm なので，母集団としてのある市の中学 3 年のサッカー部員の平均身長は，およそ 166 cm と考えられる。

④ 標本調査で調べた不良品の数の割合と，母集団としての工場での不良品の数の割合が同じであるとして考える。

無作為に選んだ 150 個の製品のうち，不良品の数の割合は，$\dfrac{2}{150} = \dfrac{1}{75}$

よって，母集団においてこの工場の製品のうち不良品が出る割合も $\dfrac{1}{75}$ と推定することができる。

したがって，不良品の数は，

$$10000 \times \dfrac{1}{75} = 133.3\cdots(\text{個})$$

よって，およそ 133 個と考えられる。

⑤ 標本調査で調べた白のご石の数の割合と，母集団としての袋の中の白のご石の数の割合が同じであるとして考える。

袋の中から 20 個取り出して，白のご石を数えた 5 回分の平均値は，

$$(8 + 7 + 6 + 8 + 6) \div 5 = 7 (\text{個})$$

無作為に取り出した 20 個のご石のうち，白のご石の数の割合は，$\dfrac{7}{20}$

よって，母集団においてこの袋の中のご石のうち白のご石の数の割合も $\dfrac{7}{20}$ と推定することができる。

したがって，白のご石の数は，

$$1000 \times \dfrac{7}{20} = 350 (\text{個})$$

よって，およそ 350 個と考えられる。

テスト前 ☑ やることチェック表

① まずはテストの目標をたてよう。頑張ったら達成できそうなちょっと上のレベルを目指そう。
② 次にやることを書こう（「ズバリ英語〇ページ，数学〇ページ」など）。
③ やり終えたら☐に✔を入れよう。
　　最初に完ぺきな計画をたてる必要はなく，まずは数日分の計画をつくって，
　　その後追加・修正していっても良いね。

目標

	日付	やること1	やること2
2週間前	／	☐	☐
	／	☐	☐
	／	☐	☐
	／	☐	☐
	／	☐	☐
	／	☐	☐
	／	☐	☐
1週間前	／	☐	☐
	／	☐	☐
	／	☐	☐
	／	☐	☐
	／	☐	☐
	／	☐	☐
	／	☐	☐
テスト期間	／	☐	☐
	／	☐	☐
	／	☐	☐
	／	☐	☐
	／	☐	☐

テスト前 ☑ やること チェック表

① まずはテストの目標をたてよう。頑張ったら達成できそうなちょっと上のレベルを目指そう。
② 次にやることを書こう（「ズバリ英語〇ページ，数学〇ページ」など）。
③ やり終えたら◯に✓を入れよう。
　　最初に完ぺきな計画をたてる必要はなく，まずは数日分の計画をつくって，
　　その後追加・修正していっても良いね。

目標

	日付	やること1	やること2
2週間前	／	◻	◻
	／	◻	◻
	／	◻	◻
	／	◻	◻
	／	◻	◻
	／	◻	◻
	／	◻	◻
1週間前	／	◻	◻
	／	◻	◻
	／	◻	◻
	／	◻	◻
	／	◻	◻
	／	◻	◻
	／	◻	◻
テスト期間	／	◻	◻
	／	◻	◻
	／	◻	◻
	／	◻	◻
	／	◻	◻

数学3年 数研出版版

QRコードのページに登録すると，「ぴたリンク」からも表をダウンロードできるよ

ズバリよくでる➡直前 チェックBOOK

- テストに**ズバリよくでる!**
- **用語・公式や例題**を掲載!

数学
数研出版版
3年

赤シートで
何度でも!

教 p.16〜24

① 単項式と多項式の乗法，除法

□多項式×単項式，単項式×多項式の計算では，分配法則

$$(a+b)c=\boxed{ac+bc}, \quad c(a+b)=\boxed{ca+cb}$$

を用いて，多項式×数の場合と同じように計算することができる。

□多項式÷単項式の計算では，多項式÷数の場合と同じように計算することができる。

$$(A+B)\div C=\boxed{\dfrac{A}{C}+\dfrac{B}{C}}$$

② 式の展開

□$(a+b)(c+d)=\boxed{ac+ad+bc+bd}$

|例| $(x+3)(y-2)=\boxed{xy}-2x+3y-\boxed{6}$

③ **重要** 展開の公式

□$(x+a)(x+b)=\boxed{x^2+(a+b)x+ab}$

|例| $(x+1)(x-2)=x^2+(1-2)x+\boxed{1\times(-2)}$

$\qquad\qquad\quad =\boxed{x^2-x-2}$

□$(x+a)^2=\boxed{x^2+2ax+a^2}$

|例| $(x+3)^2=x^2+2\times\boxed{3}\times x+\boxed{3}^2$

$\qquad\qquad =\boxed{x^2+6x+9}$

□$(x-a)^2=\boxed{x^2-2ax+a^2}$

□$(x+a)(x-a)=\boxed{x^2-a^2}$

|例| $(x+4)(x-4)=x^2-\boxed{4}^2$

$\qquad\qquad\quad =\boxed{x^2-16}$

1 重要 因数分解の公式

□$Mx+My=$ $\boxed{M(x+y)}$

|例| $ab+ac=a\times\boxed{b}+a\times\boxed{c}$

$=\boxed{a(b+c)}$

□$x^2+(a+b)x+ab=\boxed{(x+a)(x+b)}$

|例| $x^2+5x+6=\boxed{(x+2)(x+3)}$

□$x^2+2ax+a^2=\boxed{(x+a)^2}$

|例| $x^2+8x+16=x^2+2\times\boxed{4}\times x+\boxed{4}^2$

$=\boxed{(x+4)^2}$

□$x^2-2ax+a^2=\boxed{(x-a)^2}$

□$x^2-a^2=\boxed{(x+a)(x-a)}$

|例| $x^2-9=x^2-\boxed{3}^2$

$=\boxed{(x+3)(x-3)}$

2 いろいろな因数分解

□$2ax^2-4ax+2a$ を因数分解するときは，共通な因数 $\boxed{2a}$ を

くくり出し，さらに因数分解する。

$2ax^2-4ax+2a=\boxed{2a}(x^2-2x+1)$

$=\boxed{2a(x-1)^2}$

□$(x+y)a-(x+y)b$ を因数分解するときは，式の中の共通な部分

$\boxed{x+y}$ を M とおきかえて考える。

$(x+y)a-(x+y)b=\boxed{Ma}-\boxed{Mb}$

$=M(a-b)$

$=\boxed{(x+y)(a-b)}$

教 p.42〜51

1 平方根

□ 2乗すると a になる数を，a の 平方根 という。

□ 正の数 a の平方根は，正の数と 負の数 の2つあって，それらの 絶対値 は等しい。

□ 0の平方根は 0 だけである。

□ a を正の数とするとき，a の平方根のうち正の方を $\sqrt{a}$ ，負の方を $-\sqrt{a}$ と書く。

□ 記号 $\sqrt{}$ を 根号 という。

□ 真の値に近い値のことを 近似値 という。

2 重要 平方根の大小

□ a，b が正の数のとき

$a < b$ ならば，$\sqrt{a}$ $<$ $\sqrt{b}$

例 $\sqrt{2}$ と $\sqrt{3}$ の大小は，2 $<$ 3 だから，$\sqrt{2}$ $<$ $\sqrt{3}$

3 有理数と無理数

□ 分数の形に表される数を 有理数 ，そうでない数を 無理数 という。

□ 数 $\begin{cases} \text{有理数}\cdots\cdots\cdots\cdots \begin{cases} \text{有限小数} \\ \boxed{\text{循環}}\text{小数} \end{cases} \\ \text{無理数}\cdots\cdots\text{循環しない}\boxed{\text{無限}}\text{小数} \end{cases}$ 無限小数

2章 平方根

教 p.53～67

1 重要 根号をふくむ式の乗法，除法

□ a, b が正の数のとき

$$\sqrt{a} \times \sqrt{b} = \boxed{\sqrt{ab}}, \quad \frac{\sqrt{a}}{\sqrt{b}} = \boxed{\sqrt{\frac{a}{b}}}, \quad \sqrt{a^2 \times b} = \boxed{a\sqrt{b}}$$

□ 分母と分子に同じ数をかけて，分母に $\sqrt{}$ をふくまない形にすることを，分母を $\boxed{\text{有理化}}$ するという。

2 根号をふくむ式の計算

□ $\sqrt{}$ をふくむ式の和と差は，根号の中の数を，できるだけ $\boxed{\text{簡単}}$ にして，根号の中の部分が $\boxed{\text{同じものどうし}}$ を計算する。

□ 分母に $\sqrt{}$ があるときは，分母を $\boxed{\text{有理化}}$ すると計算できる。

$$|例| \ \sqrt{18} - \frac{4}{\sqrt{2}} = 3\sqrt{2} - \frac{4 \times \boxed{\sqrt{2}}}{\sqrt{2} \times \boxed{\sqrt{2}}} = 3\sqrt{2} - \frac{4\sqrt{2}}{2}$$

$$= 3\sqrt{2} - \boxed{2\sqrt{2}} = \boxed{\sqrt{2}}$$

□ $\sqrt{}$ をふくむ式の積は，分配法則や $\boxed{\text{展開の公式}}$ を使って計算する。

$$|例| \ (1+\sqrt{3})^2 = 1^2 + 2 \times \boxed{\sqrt{3}} \times 1 + \boxed{(\sqrt{3})^2}$$

$$= 1 + \boxed{2\sqrt{3}} + \boxed{3}$$

$$= \boxed{4+2\sqrt{3}}$$

3 近似値と有効数字

□ 誤差＝ $\boxed{\text{近似値}}$ － $\boxed{\text{真の値}}$

□ 近似値を表す数のうち，信頼できる数字を $\boxed{\text{有効数字}}$ という。

□ |例| ある木材の重さを有効数字 3 けたで表した近似値は 415 g で，これを整数の部分が 1 けたの数と，10 の累乗との積の形に表すと，$\boxed{4.15} \times \boxed{10^2}$ (g)

5

教 p.74〜82

1 2次方程式

□移項して整理すると，$ax^2+bx+c=0$（a は 0 でない定数，b，c は定数）の形になる方程式を，x についての 2次方程式 という。

2 因数分解による解き方

□ 2次方程式 $ax^2+bx+c=0$ は，その左辺 ax^2+bx+c を因数分解することができれば，

「$AB=0$ ならば，$A=\boxed{0}$ または $B=\boxed{0}$」

を使って，解くことができる。

|例| $x^2+5x+6=0$

    $(x+2)(x+\boxed{3})=0$

    $x+2=0$ または $\boxed{x+3}=0$

    よって，$x=\boxed{-2}$，$\boxed{-3}$

3 重要 $ax^2=b$ の解き方

□$ax^2=b$ を $\boxed{x^2=k}$ の形に変形して解くことができる。

|例| $2x^2=10$

    $x^2=\boxed{5}$

    $x=\boxed{\pm\sqrt{5}}$

4 $(x+m)^2=k$ の解き方

□$(x+m)^2=k$ の $x+m$ を M とおくと $\boxed{M^2=k}$ となり，$ax^2=b$ の解き方と同じ方法で解くことができる。

1 $x^2+px+q=0$ **の解き方**

□ $x^2+px+q=0$ は，$\boxed{(x+m)^2=n}$ の形に変形して解くことができる。

|例| 　　$x^2+2x-1=0$

$x^2+2x+\boxed{1}^{\,2}=1+\boxed{1}^{\,2}$

$(x+1)^2=2$

$x+1=\boxed{\pm\sqrt{2}}$

$x=\boxed{-1\pm\sqrt{2}}$

2 重要 **2次方程式の解の公式**

□ 2次方程式 $ax^2+bx+c=0$ の解は，

$$x=\boxed{\dfrac{-b\pm\sqrt{b^2-4ac}}{2a}}$$

|例| $3x^2+3x-1=0$

解の公式で，$a=3$，$b=\boxed{3}$，$c=-1$ の場合だから，

$$x=\dfrac{-\boxed{3}\pm\sqrt{\boxed{3}^{\,2}-4\times3\times(-1)}}{2\times\boxed{3}}$$

$$=\boxed{\dfrac{-3\pm\sqrt{21}}{6}}$$

3 **2次方程式の利用**

□方程式を使って問題を解いたとき，その方程式の解が実際の問題に $\boxed{適しているか}$ 確かめる。

教 p.98〜110

1 関数 $y=ax^2$

□一般に，y が x の関数で $y=ax^2$（a は 0 でない定数）と表されるとき，y は x の $\boxed{2\text{乗に比例する}}$ といい，定数 a を $\boxed{\text{比例定数}}$ という。

2 重要 関数 $y=ax^2$ のグラフ

□❶ 関数 $y=ax^2$ のグラフは $\boxed{\text{放物線}}$ で，その軸は $\boxed{y\text{ 軸}}$，頂点は $\boxed{\text{原点}}$ である。

□❷ 関数 $y=ax^2$ のグラフは，比例定数 a の符号によって，次のようになる。

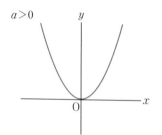

$\boxed{\text{上}}$ に開いている。

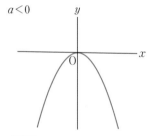

$\boxed{\text{下}}$ に開いている。

□❸ 関数 $y=ax^2$ のグラフは，a の絶対値が大きいほど，開きぐあいは $\boxed{\text{小さく}}$ なる。

|例| 右の図は，2 つの関数 $y=x^2$ と $y=2x^2$ のグラフを，同じ座標を使ってかいたものである。

$y=x^2$ のグラフは $\boxed{\text{イ}}$ である。

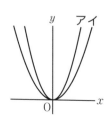

4章 関数 $y=ax^2$

教 p.112〜117

1 関数 $y=ax^2$ の y の値の増減($a>0$ のとき)

□ x の値が増加するにつれて，

$$\begin{cases} x<0 \text{ の範囲では，} y \text{ の値は } \boxed{減少} \\ x>0 \text{ の範囲では，} y \text{ の値は } \boxed{増加} \end{cases}$$

□ $x=0$ のとき，y の値は $\boxed{最小}$

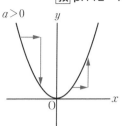

$a>0$

2 関数 $y=ax^2$ の y の値の増減($a<0$ のとき）

□ x の値が増加するにつれて，

$$\begin{cases} x<0 \text{ の範囲では，} y \text{ の値は } \boxed{増加} \\ x>0 \text{ の範囲では，} y \text{ の値は } \boxed{減少} \end{cases}$$

□ $x=0$ のとき，y の値は $\boxed{最大}$

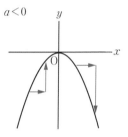

$a<0$

3 重要 関数 $y=ax^2$ の変化の割合

□ 変化の割合 $= \dfrac{y \text{の増加量}}{x \text{の増加量}}$ は，$\boxed{一定ではない}$。

|例| $y=x^2$ について，

x の値が 1 から 2 まで増加するときの変化の割合は，

$$\frac{y \text{の増加量}}{x \text{の増加量}} = \frac{\boxed{4}-\boxed{1}}{\boxed{2}-\boxed{1}} = \boxed{3}$$

x の値が 3 から 4 まで増加するときの変化の割合は，

$$\frac{y \text{の増加量}}{x \text{の増加量}} = \frac{\boxed{16}-\boxed{9}}{\boxed{4}-\boxed{3}} = \boxed{7}$$

教 p.130〜140

1 相似な図形の性質

□❶　相似な図形では，対応する 線分の長さの比 は，すべて等しい。

□❷　相似な図形では，対応する 角の大きさ は，それぞれ等しい。

2 重要 三角形の相似条件

□ 2つの三角形は，次のどれかが成り立つとき相似である。

❶　 3組の辺の比 がすべて等しい。

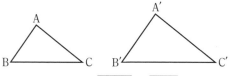

AB：A′B′＝BC： B′C′ ＝ CA ：C′A′

❷　 2組の辺の比 と その間の角 がそれぞれ等しい。

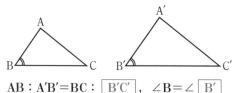

AB：A′B′＝BC： B′C′ ，∠B＝∠ B′

❸　 2組の角 がそれぞれ等しい。

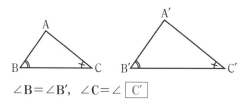

∠B＝∠B′，∠C＝∠ C′

10

教 p.141〜145

1 **重要** **相似な図形の面積の比**

□ 2つの相似な図形の相似比が $m:n$ であるとき,

それらの面積の比は $\boxed{m^2}:\boxed{n^2}$ である。

| 例 | 相似比が2:3の相似な2つの図形 F, G があって, F の面積

が 40 cm² のとき, G の面積を x cm² とすると,

$$40:x=\boxed{2}^2:\boxed{3}^2$$
$$4x=40\times9$$
$$x=\boxed{90}$$

2 **相似な立体の性質**

□ 相似な立体では, 対応する $\boxed{\text{線分の長さの比}}$ はすべて等しい。

□ 相似な立体では, 対応する $\boxed{\text{角の大きさ}}$ はそれぞれ等しい。

3 **相似な立体の表面積の比と体積の比**

□ 2つの相似な立体の相似比が $m:n$ であるとき,

それらの表面積の比は $\boxed{m^2}:\boxed{n^2}$ であり,

体積の比は $\boxed{m^3}:\boxed{n^3}$ である。

| 例 | 相似比が2:3の相似な2つの立体 F, G があって, F の体積

が 16 cm³ のとき, G の体積を y cm³ とすると,

$$16:y=\boxed{2}^3:\boxed{3}^3$$
$$8y=16\times27$$
$$y=\boxed{54}$$

教 p.147～157

1 重要 平行線と線分の比

□△ABC の辺 AB，AC 上に，それぞれ点 D，E をとるとき，

❶ DE∥BC ならば，

$$AD : AB = AE : \boxed{AC} = \boxed{DE} : BC$$

❷ DE∥BC ならば，

$$AD : DB = AE : \boxed{EC}$$

2 線分の比と平行線

□△ABC の辺 AB，AC 上に，それぞれ点 D，E をとるとき，

❶ AD : AB = AE : AC ならば，$\boxed{DE \parallel BC}$

❷ AD : DB = AE : $\boxed{EC}$ ならば，DE∥BC

3 中点連結定理

□△ABC の辺 AB，AC の中点を，

それぞれ M，N とすると，

$$MN \parallel \boxed{BC}, \quad MN = \boxed{\frac{1}{2}} BC$$

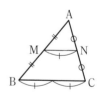

4 平行線にはさまれた線分の比

□右の図のように，平行な 3 直線 ℓ，m，n

に 2 直線 p，q が交わるとき，

❶ $a : b = \boxed{a'} : \boxed{b'}$

❷ $a : a' = \boxed{b} : \boxed{b'}$

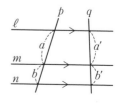

1 重要 円周角の定理

□❶ 1つの弧に対する円周角の大きさは，その弧に対する中心角の大きさの 半分 である。

□❷ 同じ弧に対する円周角の大きさは 等しい 。

□※半円の弧に対する円周角の大きさは 90° である。

2 円周角と弧

□❶ 1つの円において，等しい円周角に対する 弧の長さ は等しい。

□❷ 1つの円において，長さの等しい弧に対する 円周角 は等しい。

3 円周角の定理の逆

□円周上に3点 A，B，C があって，点 P が，直線 AB について点 C と同じ側にあるとき，
∠APB＝∠ACB ならば，点 P はこの円の ACB 上にある。

□2点 C，P が，直線 AB について同じ側にあるとき，
∠APB＝∠ACB ならば，
4点 A，B，C，P は 1つの円周上 にある。

□※∠APB＝90° のとき，点 P は線分 AB を直径とする円周上にある。

13

7章 三平方の定理

1 重要 三平方の定理

□直角三角形の直角をはさむ2辺の長さを

a, b, 斜辺の長さを c とすると,

次の等式が成り立つ。

$a^2 + \boxed{b^2} = \boxed{c^2}$

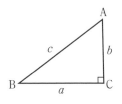

|例| 右の図の斜辺の長さを x cm とすると,

三平方の定理により

$4^2 + \boxed{3}^2 = x^2$

$x^2 = 25$

$x > \boxed{0}$ であるから $x = \boxed{5}$

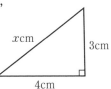

2 三平方の定理の逆

□3辺の長さが a, b, c である三角形において

$a^2 + b^2 = c^2$ が成り立つならば,

その三角形は, 長さ c の辺を斜辺とする

$\boxed{\text{直角三角形}}$ である。

|例| 3辺の長さが 1 cm, 2 cm, $\sqrt{5}$ cm である三角形が, 直角三角

形かどうかを調べる。

長さが $\boxed{\sqrt{5}}$ cm である辺がもっとも長いから,

$a = 1$, $b = 2$, $c = \sqrt{5}$ とすると

$a^2 + b^2 = 1^2 + \boxed{2}^2 = 5$

$c^2 = \boxed{\sqrt{5}}^2 = \boxed{5}$

したがって, $a^2 + b^2 = c^2$ が成り立つから, この三角形は長さ

$\boxed{\sqrt{5}}$ cm の辺を斜辺とする $\boxed{\text{直角}}$ 三角形である。

教 p.200〜210

1 **重要** 特別な直角三角形の辺の比

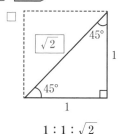

$1:1:\sqrt{2}$

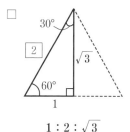

$1:2:\sqrt{3}$

2 **正三角形の高さ**

□ 1つの頂点から 垂線 をひいて直角三角形をつくり，

三平方の定理や特別な直角三角形の辺の比を使って高さを求める。

3 **座標平面上の 2 点間の距離**

□ 2点を結ぶ線分を 斜辺 とし， 座標軸 に平行な2つの辺をもつ

直角三角形をつくり，三平方の定理を使う。

4 **直方体の対角線**

□右の図のような3辺の長さが a，

b，c の直方体の対角線 AG の長さ

を求める。

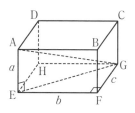

$$AG^2 = AE^2 + EG^2$$

$$EG^2 = EF^2 + FG^2$$

から，　$AG^2 = AE^2 + EF^2 + \boxed{FG}^2$

$$= a^2 + b^2 + \boxed{c}^2$$

したがって，　$AG = \sqrt{\boxed{a^2+b^2+c^2}}$

教 p.218〜229

1 全数調査と標本調査

□対象とする集団にふくまれるすべてのものについて行う調査を

　 全数 調査，対象とする集団の一部を調べ，その結果から集団の

　状況を推定する調査を 標本 調査という。

2 重要 標本調査

□標本調査において，調査対象全体を 母集団 ，調査のために母集

　団から取り出されたものの集まりを 標本 という。また，標本に

　ふくまれるものの個数を 標本の大きさ という。

□母集団からかたよりなく標本を抽出することを，

　 無作為に抽出する という。

|例| 全校生徒 600 人から，50 人を無作為に抽出して，読書が好き

　　かきらいかの調査を行ったところ，50 人のうち，読書が好き

　　な人は 35 人であった。

　　このとき，

　　この調査の母集団は 全校生徒 600 人

　　この調査の標本は 全校生徒から選ばれた 50 人

　　また，全校生徒に対する読書が好きな人の割合は，$\dfrac{35}{50}$ と

　　考えられるから，全校生徒のうち，読書が好きな人は，

$$600 \times \boxed{\dfrac{35}{50}} = \boxed{420}$$

　　となり，およそ 420 人と考えられる。

数研出版版・中学数学3年